Zaburzenia Temperatury

Naukowa analiza planety Mars i jej wpływu na terroryzm, opady atmosferyczne i krachy na giełdach

ANTONIEGO Z BOSTONU

Książka ta jest podzielona na trzy osobne artykuły naukowe, w których za pomocą wiarygodnej analizy naukowej wyjaśniono, w jaki sposób planeta Mars poprzez swoje przyciąganie grawitacyjne wpływa na sprawy ziemskie. Ten efekt grawitacyjny wpływa na wahania temperatury, które z kolei wpływają na klimat i zachowanie ludzi. Dzięki temu możemy zastosować fakty naukowe do modeli predykcyjnych, w których korelacja jest bliska 100%. W związku z tym z danych można wyciągnąć wniosek, że korelacja faktycznie wskazuje na związek przyczynowy.

Pierwsze dwa artykuły dostarczają naukowego uzasadnienia i dowodów na to, że dane pokazujące związek pomiędzy atakami rakietowymi w Gazie a krachami na giełdzie z konfiguracją planety Mars w stosunku do Ziemi są dowodem na to, że istnieje związek pomiędzy fizyką na poziomie astrofizycznym , konsekwencje meteorologiczne i ich wpływ na procesy biologiczne organizmów lądowych wykazujących określone zachowania.

Trzeci artykuł zawiera wnikliwe obserwacje, które zakładają związek pomiędzy położeniem Księżyca i Marsa a czasem występowania zjawisk ekstremalnych opadów na Bliskim Wschodzie.

Aby wyjaśnić naukowe podstawy badań, w niniejszej książce wykorzystano badania z lat 2014 i 2024. Obydwa badania łączą ruchy ciał niebieskich z wahaniami pogody i klimatem. Inne badania łączą wahania pogody z ludzkim zachowaniem. Wszystko to można przypisać orbicie planety Mars .

Sekcja I

W 2019 r., korzystając z danych o wystrzeleniu rakiet z 2005 r., odkryłem, że wrogowie Izraela przeprowadzili swoje ataki w sposób pozwalający łatwo przewidzieć, kiedy zdecydują się zwiększyć intensywność tych ataków. Obserwując, kiedy Mars znajdował się wewnątrz 30 stopni od węzła księżycowego w ciągu roku kalendarzowego (od stycznia do grudnia), udało mi się dostrzec silną korelację między eskalacją ostrzału rakietowego z Gazy do Izraela w porównaniu z resztą roku. Od 2005 roku bojówki w Gazie wystrzeliły rakiety z największą intensywnością, gdy Mars znajdował się wewnątrz nie większej niż 30 stopni od węzła księżycowego. Po latach udanych przewidywań wydaje mi się uzasadnione przedstawienie naukowego wyjaśnienia, które pomogłoby rzucić światło na tę kwestię. Najpierw pozwólcie, że przedstawię podstawę i uzasadnienie rozpoczęcia badania wpływu Marsa na ludzkie zachowanie.

Efekt Marsa, zaproponowany po raz pierwszy przez francuskiego badacza Michela Gauquelina w 1955 roku, to teza dostarczająca statystycznych dowodów na związek między pozycją planety Mars a znaczeniem mistrzów sportu. Dowody wykazały, że obecność Marsa w kluczowych obszarach astrologicznych wykresów głównych mistrzów sportowych ma znaczenie statystyczne. Gauquelin podzielił wykres na 12 sektorów i podczas swoich badań astrologicznych tysięcy elitarnych sportowców odkrył, że Mars znajdował się w kluczowych sektorach, zwanych sektorem rosnącym i sektorem szczytowym, z większym niż przypadkowe prawdopodobieństwem. Podstawowy współczynnik losowego pojawienia się planety w 2 z 12 sektorów wynosił 17%. W obszernych próbkach danych Gauquelina Mars pojawiał się z częstotliwością 22%, co jest czymś więcej niż tylko zbiegiem okoliczności i dlatego – pomijając wszystkie inne możliwe znaczenia – oznacza, że Mars musi mieć jakiś wpływ. Zatem to odkrycie wystarczy, aby zracjonalizować wiarę we wpływ Marsa.

W latach 80. profesor Suitbert Ertel opracował kryterium obliczania wybitności poprzez zliczenie liczby wzmianek o konkretnym sportowcu w podręcznikach sportowych. Im większa liczba wzmianek, tym wyższa pozycja. W swoim teście, korzystając ze zbioru Gauquelina i własnych kryteriów eminencji, odkrył, że efekt Marsa odgrywał silniejszą rolę u sportowców z wyższą liczbą cytowań. Potwierdziło to hipotezę Gauquelina, że Mars częściej pojawia się w kluczowych sektorach w horoskopach największych mistrzów sportu. Znaczenie dzieła Gauquelina polega na tym, że właśnie wtedy po raz pierwszy zaczęto rozważać naukową astrologię. Praca Gauquelina i Ertela jest iskrą na tyle silną, że uzasadnia wiarę w wpływ Marsa i zapewnia solidną podstawę do stworzenia nowego systemu opartego na nauce i danych empirycznych.

Po tym jak Gauquelin i Ertel powiązali wpływ Marsa z potencjałem naukowym, ja wziąłem Marsa i skojarzyłem go ze znaczeniem religijnym. Zabrałem się za rozwiązywanie starożytnej zagadki dotyczącej liczby bestii – 666, która pochodzi z chrześcijańskiej literatury biblijnej. 666 to liczba, która wywołała wiele napięcia, ponieważ jest kojarzona z Szatanem, wielkim przeciwnikiem i wrogiem Boga i Jego ludu. W tradycji chrześcijańskiej liczbę 666 definiuje się jako liczbę bestii i na przestrzeni wieków podejmowano wiele prób ustalenia, co i kogo reprezentuje ta liczba. Tradycyjnie liczba ta jest kojarzona z osobą, ale inni wiążą ją z systemami i królestwami. W każdym razie uczeni i mistycy podejmowali niezliczone próby rozwiązania zagadki roku 666. Zacząłem rozwiązywać zagadkę i wymyśliłem Mars 360, który przedstawia rewolucję Marsa wokół Słońca i jej wpływ na ludzkość.

Używając angielskiej sumeryjskiej gematrii, w której litery alfabetu są ponumerowane jako wielokrotności 6... A = 6, B = 12, c = 18 itd., dodałem litery Marsa i wyszło mi 306. Według po prostu dodając 360 do 306, wymyśliłem 666 i powiązałem Szatana z wpływem Marsa lub Marsa 360. Pamiętajcie, że w żydowskiej tradycji talmudycznej Samael jest królem demonów i arcy-wrogiem Izraela, a rządzi nim Mars. Mamy więc tutaj tradycję religijną, która poprzedza i sugeruje przyszłe naukowe zrozumienie wpływu Marsa.

Łącząc to religijne twierdzenie z naukowym wsparciem prac Gauquelina na temat wpływu Marsa na wybitnych mistrzów sportu i badając, czy Mars ma zastosowanie także do innych ziemskich spraw związanych z etosem Abrahama 666/Bestii/Szatana, udało mi się to stwierdzić Pozycja Marsa wewnątrz 30 stopni od węzła księżycowego zbiegła się z eskalacją ostrzału rakietowego z Gazy do Izraela od 2005 roku. Należy zauważyć, że cechy wrogiej rywalizacji wynikające z wniosku z badań Gauquelina, że Mars wpływa na mistrzów sportowych, mają również zastosowanie w przypadku żołnierzy lub terrorystów w sytuacjach, gdy celem jest zdominowanie lub zniszczenie przeciwnika. Odkryłem to połączenie w 2019 roku. Po odkryciu tego mogłem udowodnić, że tak było w czasie rzeczywistym. Według moich badań statystyki pokazują, że Mars zwykle przechodzi pełny tranzyt w promieniu 30 stopni od węzła księżycowego przez okres około 3 do 3,5 miesiąca w roku kalendarzowym, chyba że podczas zestrojenia Mars znajduje się w retrogradacji, co może wydłużyć czas trwania tego tranzytu. konstelacja. Podstawowy współczynnik przewidywania, że coś wydarzy się w ciągu około trzech miesięcy w roku kalendarzowym, wynosi około 30,0%. Zasadniczo każdy, kto losowo wybierze 3,5 miesiąca w roku kalendarzowym, ma około 30% szans na przewidzenie okresu, w którym nastąpi największy ostrzał rakietowy ze Strefy Gazy do Izraela. Jednakże obserwując Marsa w latach 2019–2024 mogłem dokładnie przewidzieć, kiedy nastąpi największa koncentracja wystrzeleń rakiet przeciwko Izraelowi, ze 100% skutecznością. W 2020 roku Mars znajdował się wewnątrz 30 stopni od węzła księżycowego między 15 stycznia a 3 kwietnia. Według danych w tym okresie doszło do największej koncentracji wystrzeleń rakiet przeciwko Izraelowi w porównaniu z całym 2020 rokiem. W tym czasie wystrzelono około 115 rakiet, więcej niż kiedykolwiek w 2020 roku. W 2021 roku tranzyt Marsa trwał od 9 lutego do maja 13, pełna faza, w której znajdowała się wewnątrz 30 stopni od węzła księżycowego. Pod koniec tej fazy w kierunku Izraela wystrzelono ponad 4000 rakiet, więcej niż kiedykolwiek w 2021 r. W 2022 r. Mars przeszedł pełną fazę przebywania w promieniu 30 stopni między 22 czerwca a 19 września względem węzła księżycowego. W tym okresie na początku sierpnia wystrzelono w kierunku Izraela około 1100 rakiet, więcej niż kiedykolwiek w 2022 r. W 2023 r. Mars przeszedł pełną fazę przebywania wewnątrz 30 stopni od węzła księżycowego między 24 sierpnia a 15 listopada, a w tym czasie terroryści wystrzelili w stronę Izraela 10 000 rakiet, więcej niż kiedykolwiek w 2023 r. W 2024 r. Mars przeszedł pełną fazę między 12 kwietnia a 25 czerwca, kiedy znajdował się wewnątrz 30 stopni od węzła księżycowego. W tym czasie Hamas i Islamski Dżihad wystrzeliły około 770 rakiet, co przekroczyło już liczbę wystrzeloną w jakimkolwiek innym momencie w 2024 r.

Według danych dotyczących ostrzału rakietowego ze Strefy Gazy od 2005 roku Hamas i Islamski Dżihad wystrzeliły w sumie 26 722 rakiety w kierunku Izraela. Od 2005 roku wystrzelono w stronę Izraela 18 636 rakiet, podczas gdy Mars znajdował się wewnątrz nie większej niż 30 stopni od węzła księżycowego. W jakimkolwiek innym momencie od 2005 roku w kierunku Izraela wystrzelono 8086 rakiet. 68% wszystkich rakiet wystrzelonych w stronę Izraela od 2005 roku zostało wystrzelonych, gdy Mars znajdował się wewnątrz nie większej niż 30 stopni od węzła księżycowego. W ciągu 15/20 lat między 2005 a 2024 rokiem większość rakiet wystrzelono w roku kalendarzowym, gdy Mars znajdował się wewnątrz nie większej niż 30 stopni od węzła księżycowego. W ciągu 20/20 lat między 2005 a 2024 rokiem miesiąc z największym wystrzeleniem rakiet w roku był jednocześnie miesiącem, w którym Mars znajdował się wewnątrz 30 stopni od węzła księżycowego. To jest 100-procentowa korelacja.

Oczywiście po spotkaniu z wieloma sceptykami, którzy często podnoszą zastrzeżenie, że korelacja nie jest równa przyczynie, jestem zmuszony przedstawić wyjaśnienie bardziej biologiczne i geologiczne, które mogłoby wyjaśnić tę tezę o Marsie poza zwykłą analizą statystyczną. Trzeba jednak powiedzieć, że każde przedsięwzięcie wykorzystujące rozumowanie indukcyjne musi przedstawiać model predykcyjny, a tutaj już taki mamy. W każdym razie przejrzyjmy przykłady niektórych teorii, które zostały wysunięte na temat tego, jak Mars lub ciała niebieskie mogą wpływać na ludzkie zachowanie.

Podczas prac Gauquelina nad efektem Marsa podejmowano liczne próby wyjaśnienia, w jaki sposób Mars może wywierać geologiczny lub biologiczny wpływ na zachowanie człowieka. Gauquelin zasugerował, że narodziny płodu zostały wywołane jego reakcją na sygnały planetarne. Frank McGillion, autor książki The Opening Eye, wyjaśnił to szerzej, stawiając hipotezę, że sygnały są odbierane przez szyszynkę. Jacques Halbronn i Serge Hutin, autorzy Histoire de |'astrologie, postulowali później, że przekonania człowieka są kształtowane genetycznie. W 1990 roku Percy Seymour, autor książki The Evidence of Science, próbował wyjaśnić, że sygnały emitowane przez planety są wynikiem interakcji pomiędzy pływami planet i magnetosferą. Peter Roberts założył, że dusza ludzka odbiera sygnały z planet. Niemiecki profesor psychologii Arno Müller argumentował, że mężczyźni urodzeni na znanych planetach są dominującymi mężczyznami mającymi najwięcej praw reprodukcyjnych. Ertel próbował dowiedzieć się, czy istnieje fizyczna podstawa efektu Marsa. Testował Marsa w stosunku do Ziemi i sprawdzał, czy odległość między Ziemią a Marsem będzie powodować zmiany efektu Marsa. Rozmiar kątowy, deklinacja, pozycja orbity względem Słońca i aktywność geomagnetyczna na Ziemi zostały przez Ertela wykluczone jako wszystko, co mogłoby fizycznie wyjaśnić efekt Marsa. Wyjaśnię dalej zjawisko marsjańskie, postulując i demonstrując, w jaki sposób Mars wywołuje efekt, gdy znajduje się wewnątrz 30 stopni od węzła księżycowego. Istotą tego ustawienia i hipotezy jest zasadniczo to, że im bliżej planety Mars znajduje się przecięcie orbity Księżyca z orbitą Ziemi, powstaje efekt, który powoduje, że ludzie wykazują bardziej pesymistyczne, cyniczne i agresywne cechy. W tej fazie inwestorzy giełdowi są negatywnie nastawieni do rynku, podczas gdy bojownicy stają się bardziej agresywni w porównaniu do innych czasów, gdy Mars znajduje się wewnątrz mniejszej niż 30 stopni od węzła księżycowego. Łatwo uzasadnionym podstawowym założeniem jest to, że jeśli Księżyc wywiera siłę grawitacji na pływy oceanu, a ludzie składają się głównie z wody, rozsądne jest założenie, że Księżyc może mieć wpływ na ludzkie zachowanie. Doszedłem jednak do wniosku, że Mars musi mieć podobny efekt jak Księżyc.

Węzły księżycowe to punkty przecięcia orbity Księżyca wokół Ziemi z orbitą Ziemi wokół Słońca. Zaczynając wewnątrz 30 stopni od węzła księżycowego, im bliżej orbita Marsa wokół Słońca zbliża się do przecięcia (węzeł księżycowy) orbity Księżyca wokół Ziemi z orbitą Ziemi wokół Słońca, tym większy wpływ Marsa na orbitę Księżyca wokół wydarzenia Słońca na Ziemi. Najlepsze fizyczne wyjaśnienie, jakie mogę podać, prawdopodobnie wynika z wpływu Księżyca. Zasugerowałem, że skoro potwierdzono, że Księżyc wywiera siłę grawitacyjną na Ziemię, tak że im bliżej Ziemi znajduje się, tym wyższe są pływy, Księżyc musi również wpływać na ludzkie nastroje, ponieważ ciało ludzkie składa się głównie z wody. Ponieważ wyjaśnienie Marsa opiera się na jego położeniu względem przecięcia orbity Księżyca i orbity Ziemi, twierdzę, że Mars mógłby w podobny sposób wywierać wpływ na ludzi. Mój wielki przełom nastąpił w 2024 r., kiedy naukowcy odkryli, że Mars wywiera na Ziemię silną siłę grawitacyjną, która przybliża ją do Słońca, powodując okresy ocieplenia i ochłodzenia trwające ponad 2 miliony lat. Należy pamiętać, że moje postulaty dotyczące Marsa, a także Gauquelina, poprzedzają to naukowe odkrycie, że Mars rzeczywiście ma wpływ na Ziemię. A teraz, w 2024 roku, naukowcy zaczynają postulować, że Mars rzeczywiście ma wpływ na klimat i pływy ziemskich oceanów, co potwierdza moją tezę i Gauquelina.

Oto artykuł z science.org: „Księżyc powoduje zarówno przypływy, jak i odpływy, ale nie jest jedynym ciałem niebieskim, które wpływa na wody Ziemi. Z badania opublikowanego w tym tygodniu w Nature Communications wynika, że grawitacja Marsa wpływa na prądy głębinowe naszej planety.

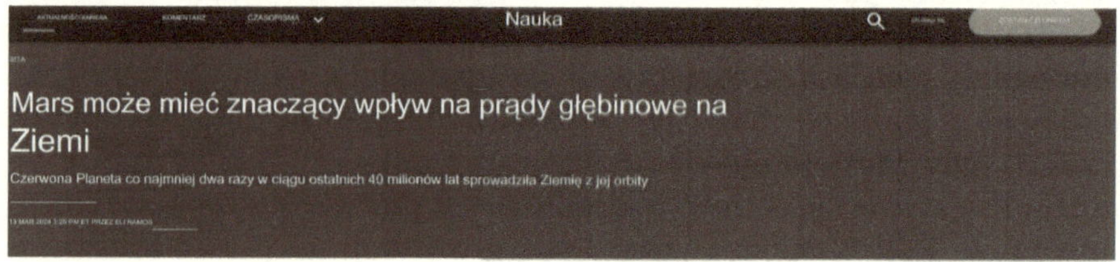

Oto fragment artykułu.

badanie opublikowane w tym tygodniu w Nature Communications. Porównując ponad 50 lat zapisów wierceń głębinowych ze zmianami orbity Ziemi, naukowcy odkryli, że grawitacyjne przyciąganie Marsa na Ziemię powoduje, że lekko się on kołysze na swojej osi. Co 2,4 miliona lat orbita Marsa zbliża się na tyle do Ziemi, że jego grawitacja może na nią wpłynąć, przechylając zwykłą ścieżkę i orientację Ziemi. To przesunięcie orbity powoduje, że Ziemia jest wystawiona na więcej światła słonecznego, co ociepla klimat, co z kolei wznieca prądy oceaniczne i sprawia, że stają się silniejsze. Jednak niektórzy naukowcy wątpią, że słabe przyciąganie grawitacyjne Marsa jest prawdziwą przyczyną tych zmian, donosi New Scientist.

Otwiera to wrota dla wpływu Marsa, a dzięki tym informacjom możemy uzyskać lepszy wgląd w to, jak Mars wpływa na ludzkie zachowanie. Zgodnie z tym odkryciem naukowym, gdy Mars okrąża Słońce, wywiera na Ziemię siłę grawitacji, która ostatecznie wpływa na nachylenie osi Ziemi i orbity Ziemi, powodując ocieplenie przez długie okresy czasu, w rzeczywistości miliony lat, i ochłodzenie okresy. Mając to na uwadze, możemy założyć, że nawet w ciągu roku kalendarzowego, w którym Mars okrąża Słońce, nadal wywiera on pewne przyciąganie grawitacyjne i pewien stopień ogrzewania, aczkolwiek bardzo mały. To wyjaśnia rotację Marsa wokół Słońca, co pozwala nam również wyjaśnić, jaki wpływ na to wszystko ma Węzeł Księżycowy.

Według NASA Księżyc oddala się od Ziemi o 3 centymetry rocznie w miarę rozszerzania się swojej orbity. Moje obawy sugerują, że katalizatorem tego efektu może być Mars, ponieważ porusza się w promieniu 30 stopni od węzła księżycowego. Pozwól mi wyjaśnić.

Pomiędzy wszystkimi obiektami we wszechświecie istnieje siła grawitacji. Siła grawitacji jednej masy nie tylko wpływa na położenie i orientację innych mas i odwrotnie, ale może również wpływać na orbity innych mas i odwrotnie. Dzieje się tak, gdy Mars zbliża się na odległość 30 stopni od węzła księżycowego – zasadniczo masa Marsa wywiera siłę grawitacyjną na orbitę Księżyca wokół Ziemi. Dzieje się to za pośrednictwem węzłów księżycowych.

Węzeł księżycowy to po prostu punkt, w którym orbita Księżyca wokół Ziemi przecina się z orbitą Ziemi wokół Słońca. Przypuszczam, że to przecięcie wystawia orbitę Księżyca na działanie siły grawitacyjnej Marsa, gdy Mars znajduje się wewnątrz 30 stopni od węzła księżycowego, co w praktyce spowodowałoby, że orbita Księżyca z czasem zbliżyłaby się do Słońca, co od tej chwili spowodowałoby przesunięcie sam Księżyc co roku oddala się od Ziemi o 3 cm. Dzięki nowemu odkryciu, że Mars krążąc wokół Słońca, wywiera siłę grawitacji na nachylenie osi Ziemi, powodując okresy ocieplenia i ochłodzenia trwające miliony lat, a nawet w krótszych okresach, możemy teraz stwierdzić, że jeśli Mars jest w promieniu 30 stopni od węzła księżycowego Mars również wywiera siłę grawitacyjną na orbitę Księżyca i rozciąga płaszczyznę orbity Księżyca, oddalając w ten sposób Księżyc dalej od Ziemi, co w konsekwencji miałoby destabilizujący wpływ na wahania Ziemi, ponieważ jest to Księżyc odpowiedzialny za stabilność wahań Ziemi. Naukowcy zauważają, że w miarę oddalania się Księżyca od Ziemi, Ziemia w konsekwencji doświadczałaby dużych wahań wzorców klimatycznych, ponieważ malejący wpływ Księżyca na stabilizację wahań Ziemi spowodowałby, że wahania Ziemi stałyby się nieregularne, co doprowadziłoby do drastycznych zmian sezonowych. Biorąc pod uwagę Marsa, możemy teraz zrozumieć tę dynamikę.

Z tej perspektywy, ponieważ istnieje duża ilość dowodów naukowych łączących agresję z wyższymi temperaturami, możemy z łatwością zastosować odpowiednią agresję, którą ekstrapolujemy z wpływu Marsa na wyższe temperatury - możemy zastosować to jako zasadę w naszych badaniach nad wpływem Mars na ludzkie zachowanie. Jednak w tym przypadku powinniśmy postawić hipotezę, że odpowiadająca temu agresja wynika z wyższych temperatur w stosunku do średniej i że te scenariusze są związane z położeniem Marsa w promieniu 30 stopni od węzła księżycowego. Można teraz stwierdzić, że gdy Mars znajduje się wewnątrz 30 stopni od węzła księżycowego, może wywierać jeszcze większy wpływ grawitacyjny na nachylenie osi Ziemi, ciągnąc orbitę Księżyca, rozszerzając w ten sposób orbitę Księżyca, tym samym W miarę jak Księżyc stopniowo się porusza dalej od Ziemi stabilizujący wpływ Księżyca na wahania Ziemi maleje, co naraża Ziemię na większe wahania temperatury, nawet gdy Mars w dalszym ciągu wywiera na Ziemię siłę grawitacji podczas podróży wokół Słońca. Powinno to zatem mieć większy wpływ na temperatury i zachowanie ludzi. To może wyjaśniać, dlaczego istnieją dowody na to, że działania człowieka są bardziej drastyczne, gdy Mars znajduje się wewnątrz nie większej niż 30 stopni od węzła księżycowego.

Krytycy wpływów Marsa nie mogą już dłużej ignorować wpływów Marsa i przypisywać agresję ze Strefy Gazy, Bliskiego Wschodu czy innych miejsc cieplejszym temperaturom wiosną i latem. Mogę obalić twierdzenie, że bojową agresję można po prostu przypisać sezonowym zmianom pogody, a nie wpływowi Marsa.

Ci, którzy twierdzą, że każdy może przewidzieć szczyt ostrzału rakietowego Izraela, zakładając, że nastąpi to w cieplejszych miesiącach, mogą poddać swoją teorię testowi. Twoja teoria podaje okno czasowe 7 miesięcy, co jest znacznie dłuższe niż moje okno 3,5 miesiąca. Oto ramy czasowe przewidywania eskalacji ostrzału rakietowego na podstawie Marsa w promieniu 30 stopni od węzła księżycowego, które są dokładne każdego roku

15 stycznia 2020 r. – 3 kwietnia 2020 r. – szczyt eskalacji w lutym

9 lutego 2021 r. – 13 maja 2021 r. – szczyt eskalacji nastąpił w maju

22 czerwca 2022 r. – 19 września 2022 r. – szczyt eskalacji w sierpniu

24 sierpnia 2023 r. – 15 listopada 2023 r. – szczyt eskalacji w październiku

12 kwietnia 2024 r. – 25 czerwca 2024 r. – szczyt eskalacji do tej pory nastąpił w maju

Gdyby ktoś próbował przewidzieć na przestrzeni ostatnich 5 lat, największa eskalacja ostrzału rakietowego Izraela w porównaniu z resztą roku miałaby miejsce wiosną i latem między 20 marca i 20 września (okno 7 miesięcy) mieliby rację w 3 z ostatnich 5 lat. Jednak byliby w błędzie w 2020 i 2023 roku, kiedy to naprawdę miało znaczenie, zwłaszcza biorąc pod uwagę skalę ataków 7 października 2023 roku. Więc nawet w oknie 7 miesięcy nadal nie byliby w stanie nadążyć za prognozą, która wykorzystuje okno 3,5 miesiąca, w którym Mars znajduje się wewnątrz 30 stopni od węzła księżycowego.

Co więcej, mogę argumentować, że wyższe temperatury w porównaniu ze średnią mogą prowadzić do przemocy na Bliskim Wschodzie z powodu grawitacji Marsa na Ziemi, która przybliża go do Słońca. Łatwo się tu pomylić, ponieważ Mars jest dalej od Słońca niż Ziemia, co prowadzi do myślenia, że grawitacja Marsa po prostu odciągnie Ziemię od Słońca. Wizualizacja, jak Mars i Ziemia krążą wokół Słońca oraz kiedy Mars jest najbliżej i najdalej od Ziemi, może pomóc uniknąć nieporozumień. Gdy Mars krąży wokół Słońca, jego grawitacja powoduje, że nachylenie osi Ziemi zbliża się do Słońca, w miarę oddalania się od Ziemi. I odwrotnie, im bliżej Ziemi znajduje się Mars podczas swojej rewolucji wokół Słońca, tym bardziej grawitacja Marsa odchyla oś Ziemi od Słońca. Oto wizualizacja

W tym przykładzie grawitacja Marsa odciąga Ziemię od Słońca
Ziemia
Mars

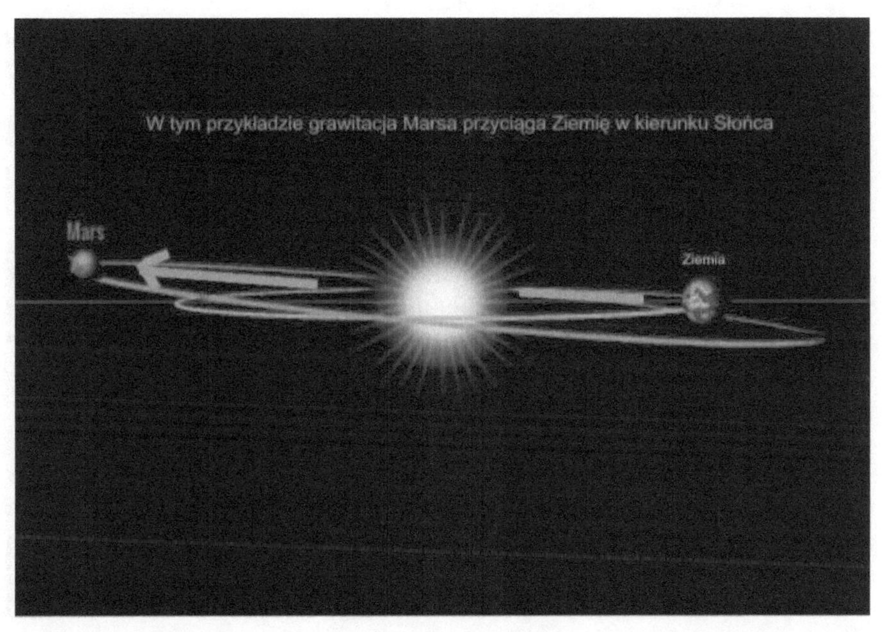

W tym przykładzie grawitacja Marsa przyciąga Ziemię w kierunku Słońca
Mars
Ziemia

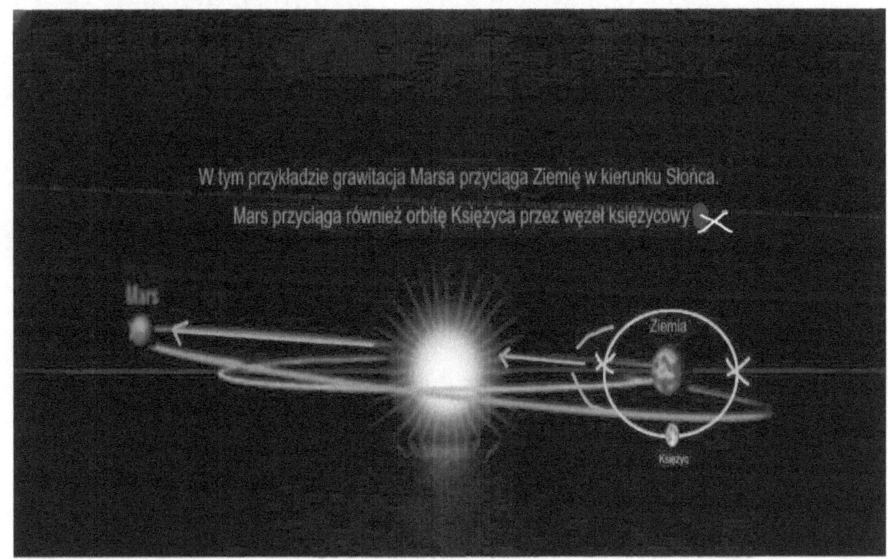

W tym przykładzie grawitacja Marsa przyciąga Ziemię w kierunku Słońca.
Mars przyciąga również orbitę Księżyca przez węzeł księżycowy
Mars
Ziemia
Księżyc

Biorąc pod uwagę naukowe odkrycie wpływu grawitacji Marsa na Ziemię i jej wpływu na klimat Ziemi, możemy założyć, że ten efekt Marsa, który umożliwia długie okresy chłodzenia i ocieplenia Ziemi, jest wynikiem powolnej zmiany nachylenia osi i orbity Ziemi przez Marsa. Podczas oddziaływania grawitacyjnego Marsa, które przyciąga nachylenie Ziemi bliżej Słońca i w ten sposób naraża ją na większe promieniowanie słoneczne, orbita Ziemi również ulega zmianie i z czasem staje się bardziej eliptyczna, wystawiając Ziemię na więcej promieniowania cieplnego w peryhelium niż w peryhelium Aphelium. Obecnie orbita Ziemi jest prawie kołowa, a promieniowanie cieplne w peryhelium ma jedynie 6% różnicy w porównaniu z aphelium.

Nachylenie Ziemi jest głównym czynnikiem wyjaśniającym zmiany temperatury, w przeciwieństwie do bliskości Ziemi od Słońca. Tak naprawdę Ziemia znajduje się najbliżej Słońca w styczniu, ale w tym czasie temperatury są niższe. Jednak w lipcu Ziemia jest najdalej od Słońca, ale temperatury są nadal wyższe. Przyczyna tej dynamiki leży w tym, jak nachylenie osi Ziemi wpływa na sposób, w jaki promienie słoneczne uderzają w Ziemię. Latem promienie słoneczne uderzają w Ziemię pod ostrym kątem i nie rozprzestrzeniają się, co powoduje większą koncentrację energii na Ziemi. Inaczej jest w przypadku zimy, kiedy słońce pada na Ziemię pod bardziej płaskim kątem, a promienie słoneczne są bardziej rozproszone i mniej energochłonne. Można spróbować zastosować tę dynamikę do sytuacji związanej z ostrzałem rakietowym w Gazie, ale, jak wyjaśniono, uwzględnienie miesięcy wiosennych i letnich spowodowałoby błędne obliczenia w ciągu dwóch z pięciu lat, które podałem jako przykład. Jeśli weźmiemy pod uwagę Marsa, możemy założyć, że położenie Marsa względem Ziemi wpływa na średnie temperatury w danym sezonie. Załóżmy na przykład, że Mars znajduje się najdalej od Ziemi, w promieniu 30 stopni od węzła księżycowego, ale wywiera siłę grawitacji na nachylenie osi Ziemi, przybliżając kąt do Słońca, nawet jeśli tylko o niewielki stopień. Efektem teoretycznie, niezależnie od pory roku, powinna być wyższa średnia temperatura, być może więcej opadów, a tym samym narażenie ludzi na wyższy poziom agresji. Oto przykład. Oto wizualne przedstawienie Marsa zrównanego z Ziemią 7 października ' w dniu, w którym Hamas rozpoczął masową operację terrorystyczną przeciwko Izraelowi. Mars znajdował się wewnątrz 30 stopni od węzła księżycowego, ale daleko od Ziemi, ale wywierał siły grawitacyjne, które spowodowały nachylenie osi Ziemi w stronę Słońca.

Oto wykres astrologiczny na 7 października. Na wykresie astrologicznym Ziemia znajduje się zawsze naprzeciwko Słońca. Dodałem ikonkę

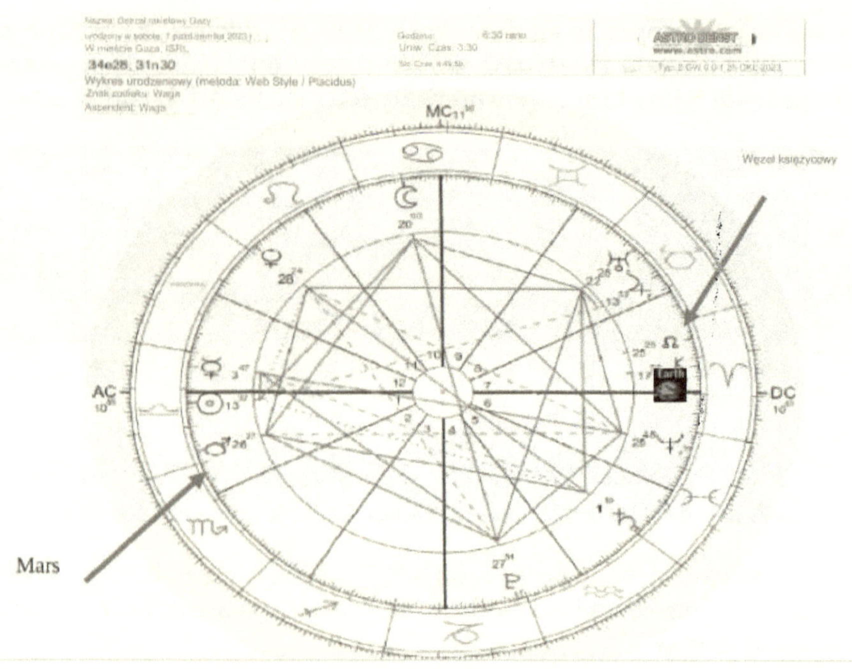

To przykład poważnego ataku jesienią, a nie typowy okres znany z agresywnej pogody. Dlatego możemy tutaj przyjrzeć się czynnikowi Marsa. Założyłem, że wpływ Marsa na agresję nie jest związany z wyższymi temperaturami w ogóle, ale raczej z wyższymi temperaturami w porównaniu do średniej. Październik 2023 r. był najcieplejszym październikiem w historii.

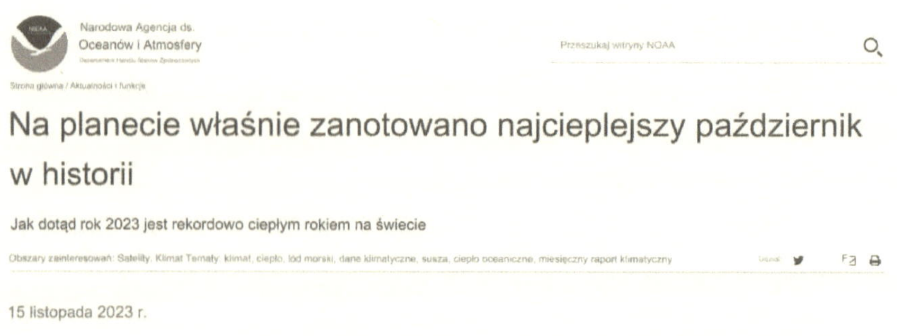

Narodowa Agencja ds. Oceanów i Atmosfery

Przeszukaj witryny NOAA

Strona główna / Aktualności i funkcje

Na planecie właśnie zanotowano najcieplejszy październik w historii

Jak dotąd rok 2023 jest rekordowo ciepłym rokiem na świecie

Obszary zainteresowań: Satelity, Klimat Tematy: klimat, ciepło, lód morski, dane klimatyczne, susza, ciepło oceaniczne, miesięczny raport klimatyczny

15 listopada 2023 r.

Średnia globalna temperatura w październiku była o 2,41 stopnia F (1,34 stopnia C) wyższa od średniej z XX wieku wynoszącej 57,1 stopnia F (14,0 stopnia C), co czyni ją najcieplejszym październikiem w historii pomiarów. Było to o 0,43 stopnia F (0,24 stopnia C) więcej niż poprzedni rekord z października 2015 r. Siódmy miesiąc z rzędu globalna temperatura powierzchni oceanu również ustanowiła rekord.

Istnieje wiele informacji, badań i badań łączących wyższą temperaturę z agresją i obniżoną wydajnością poznawczą. Jednakże w nawiązaniu do tezy o Marsie i jej wpływie na agresję twierdzę, że wyższe temperatury w porównaniu do średniej wyzwalają agresję i obniżają wydajność poznawczą. Dochodzę również do wniosku, że te wyższe temperatury w porównaniu do średniej powinny teoretycznie wiązać się z ponadprzeciętnymi opadami.

Załączam dane dotyczące wystrzelenia rakiet z Gazy do tego dokumentu w celach informacyjnych.

Te statystyki dotyczą wyłącznie bojowników w Strefie Gazy i całego ostrzału rakietowego Izraela z Gazy od 2005 r.

Istnieje schemat, w którym największe skupisko ostrzału rakietowego Izraela w ciągu roku kalendarzowego występuje, gdy Mars znajduje się w odległości 30 stopni od węzła księżycowego. Dzieje się tak w tempie 70% od 2005 r.

Od 2005 r. każdego roku miesiąc, w którym odnotowano najwięcej ostrzałów rakietowych, przypadał na miesiąc, w którym Mars znajdował się w odległości 30 stopni od węzła księżycowego.

Rysunek H – Ataki rakietowe na Izrael z Gazy

*Największa liczba ostrzałów rakietowych w roku

	2005	2006	2007	2008	2009	2010	2011	2012
Sty	40	7	28	136	345*	13	17	9
Lut	5	9	43	228	52	5	6	36
Mar	23	41	31	103	34	35*	38	173
Kwi	34	79	25	373*	5	5	87	10
Maj	77	54	257*	206	1	14	1	3
Czer	129	140	63	153	2	14	4	83
Lipiec	211*	191*	61	4	1	13	20	18
Sierp	50	41	81	8	1	14	145*	21
Wrzesień	61	40	70	1	~10	16	8	17
Paź	26	52	53	1	1	3	52	116
Listopad	42	157	65	125	4	5	11	1794*
Grudzień	76	50	113	361	4	15	30	1

Rysunek H – Ataki rakietowe na Izrael z Gazy

*Największa liczba ostrzałów rakietowych w roku

	2013	2014	2015	2016	2017	2018	2019
Sty	0	22	0	8*	0	6	0
Lut	1	9	0	0	7*	4	0
Mar	4	65	0	5	2	0	3
Kwi	17*	19	1	0	1	0	0
Maj	1	4	1	2	1	70	600*
Czer	5	62	3	0	1	64	3
Lipiec	5	2.874*	1	2	2	174*	0
Sierp	4	950	3	1	1	8	0
Wrzesień	8	0	4	0	0	0	1
Paź	3	1	5*	0	1	0	0
Listopad	0	0	3	0	0	17	433
Grudzień	4	1	4	0	7	0	4

Rysunek H – Ataki rakietowe na Izrael z Gazy

*Największa liczba ostrzałów rakietowych w roku

	2020	2021	2022	2023	2024	2025	2026
Sty	8	3	0	1	357		
Lut	104*	0	0	8	165		
Mar	0	0	0	0	104		
Kwi	0	45	5	66	113		
Maj	1	4375*	0	1470	452*		
Czer	5	0	1	0	205		
Lipiec	3	0	4	6	216		
Sierp	15	1	1100*	0	116		
Wrzesień	13	2	0	0			
Paź	3	0	0	8500*			
Listopad	3	0	4	2000			
Grudzień	2	0	1	1000			

Daty Marsa w promieniu 30 stopni od węzła księżycowego

29 maja 2005 r. • 29 sierpnia 2005 r.   17 listopada 2005 r. • 27 grudnia 2005 r.   20 lipca 2006-14 października 2006

19 marca 2007-30 maja 2007   28 kwietnia 2008 r. – 31 lipca 2008 r. 8 stycznia 2009 r. – 24 marca 2009 r.   24 sierpnia 2009 r. – 2 maja 2010 r.

02 listopada 2010-16 stycznia 2011   11 czerwca 2011 r. – 01 września 2011 r. 24 sierpnia 2012 r. – 12 listopada 2012 r.   03 kwietnia 2013 r. – 22 czerwca 2013 r.

19 grudnia 2013 r. – 28 sierpnia 2014 r.   27 stycznia 2015 r. – 12 kwietnia 2015 r. 27 września 2015 r. – 26 grudnia 2015 r.   21 listopada 2016 r. – 01 lutego 2017 r.

11 lipca 2017 r. – 10 października 2017 r.   06 kwietnia 2018 r. – 14 listopada 2018 r. 01 maja 2019 r. – 29 lipca 2019 r.   15 stycznia 2020 r. – 3 kwietnia 2020 r.

> Poniżej podano przyszłe daty Marsa w promieniu 30 stopni od węzła księżycowego

9 lutego 2021 r. – 13 maja 2021 r.

4 listopada 2021 r. – 22 stycznia 2022 r.

22 czerwca 2022 r. 19 września 2022 r.

26 grudnia 2022 r. – 24 stycznia 2023 r.

24 sierpnia 2023 r. – 15 listopada 2023 r.

12 kwietnia 2024 r. – 25 czerwca 2024 r.

5 czerwca 2025 r. – 4 września 2025 r.

4 lutego 2026 r. – 19 kwietnia 2026 r.

27 września 2026 r. – 12 czerwca 2027 r.

Przez pięć kolejnych lat potrafiłem przewidzieć, kiedy nastąpi największe zagęszczenie ostrzału rakietowego Izrael powstanie w ciągu roku kalendarzowego.

W ciągu ostatnich pięciu lat przewidywano, że największa eskalacja ostrzału rakietowego w ciągu roku kalendarzowego nastąpi wystąpić w czasie, gdy Mars znajdzie się w odległości 30 stopni od węzła księżycowego.

1. 15 stycznia 2020 r. - 3 kwietnia 2020 r. - https://www.youtube.com/watch?v=a5Gx04ZW2fc

2. 9 lutego 2021 r. – 13 maja 2021 r. – https://www.youtube.com/watch?v=v1gA-ZS73Lw&t

3. 22 czerwca 2022 r. - 19 września 2022 r. - https://www.youtube.com/watch?v=6EnlwV0TWew&t

4. 24 sierpnia 2023 r. - 15 listopada 2023 r. - https://www.youtube.com/watch?v=IGbNPE09qS4&t

5. 12 kwietnia 2024 r. - 25 czerwca 2024 r. - https://www.youtube.com/watch?v=qW_-CiWu5b0&t

https://www.youtube.com/@anthonym1690

Według danych o ostrzale rakietowym Gazy sięgających 2005 r. Hamas i Islamski Dżihad wystrzeliły w kierunku Izraela łącznie 26 722 rakiet

Od 2005 roku w kierunku Izraela wystrzelono 18 636 rakiet, gdy Mars znajdował się w odległości 30 stopni od węzła księżycowego.

Od 2005 r. w dowolnym innym momencie na Izrael wystrzelono 8086 rakiet

68% wszystkich rakiet wystrzelonych w kierunku Izraela od 2005 r. wystrzelono, gdy Mars znajdował się w odległości 30 stopni od węzła księżycowego

W ciągu 15/20 lat, między 2005 a 2024 rokiem, większość rakiet wystrzelonych w ciągu roku kalendarzowego miała miejsce, gdy Mars znajdował się w odległości 30 stopni od węzła księżycowego.

W latach 20/20, między 2005 a 2024, miesiącem, w którym odnotowano najwięcej ostrzałów rakietowych w roku, był również ten, w którym Mars znajdował się w odległości 30 stopni od węzła księżycowego

Poniżej znajdują się wykresy przedstawiające ataki rakietowe na Izrael od 2005 r.

Ostrzał rakietowy Izraela w 2024 r.

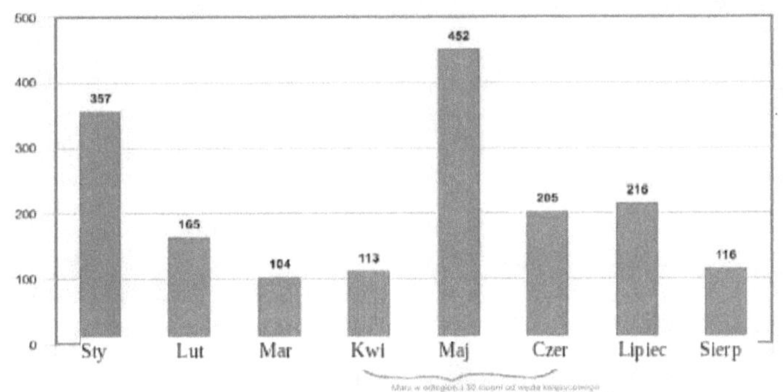

Ostrzał rakietowy Izraela w 2023 r.

Ostrzał rakietowy Izraela w 2022 r.

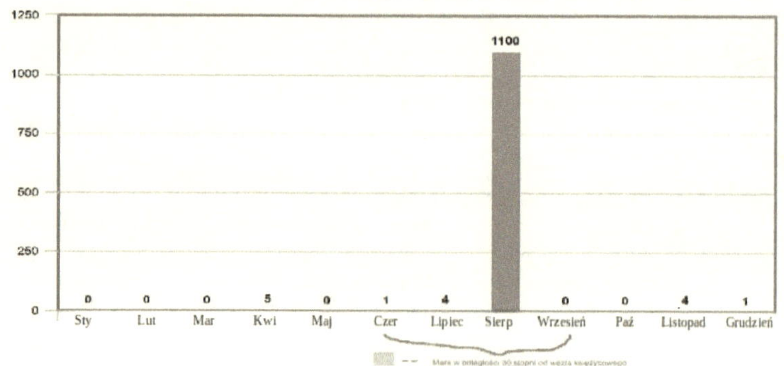

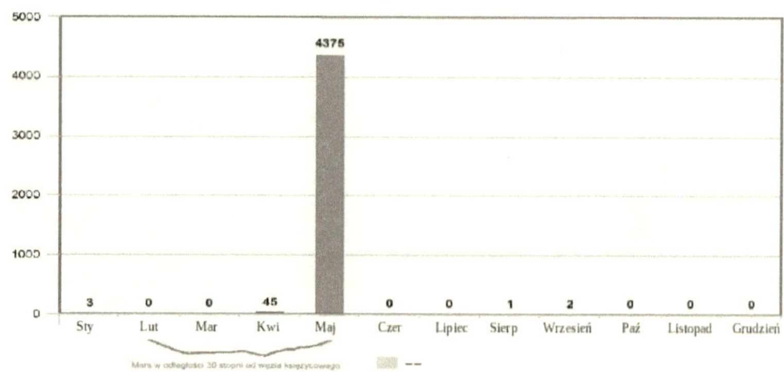

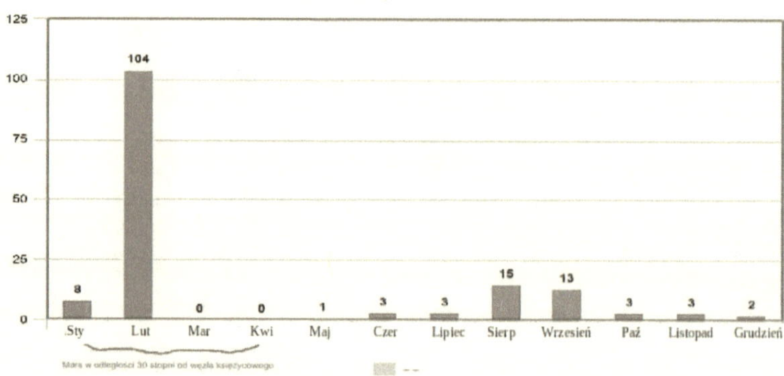

Ostrzał rakietowy Izraela w 2019 r.

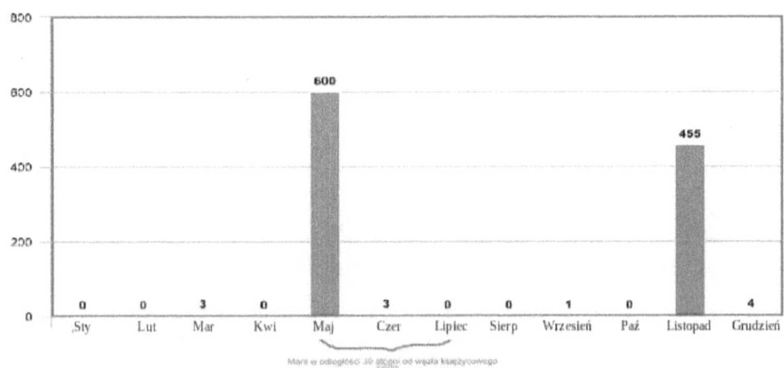

Ostrzał rakietowy Izraela w 2018 r.

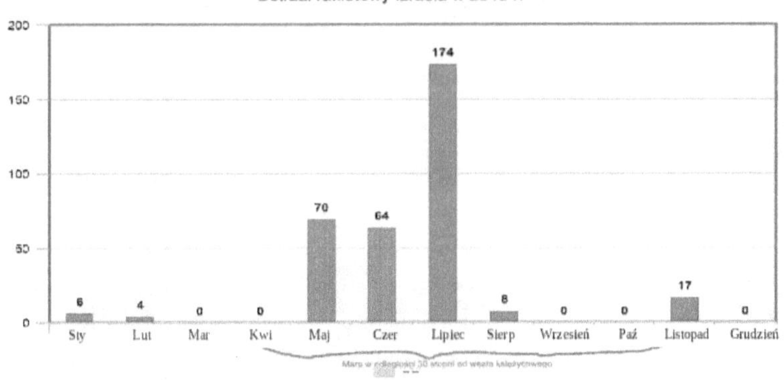

Ostrzał rakietowy Izraela w 2017 r.

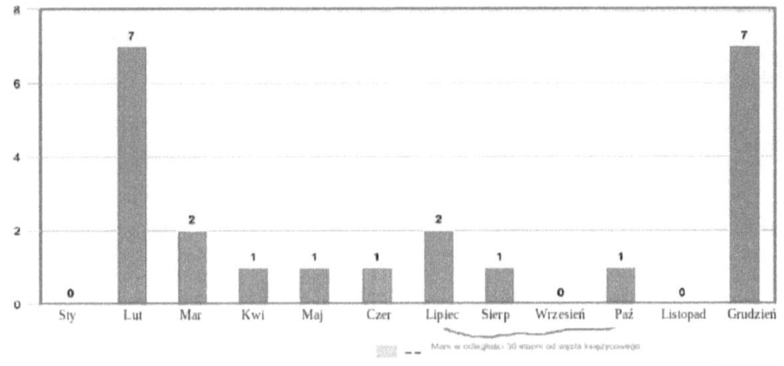

Ostrzał rakietowy Izraela w 2016 r.

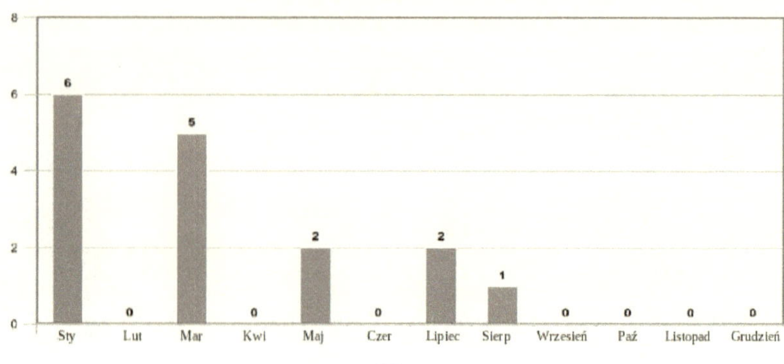

Ostrzał rakietowy Izraela w 2015 r.

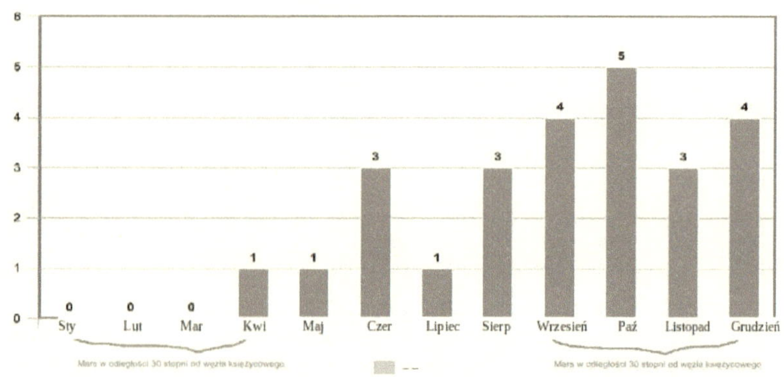

Ostrzał rakietowy Izraela w 2014 r.

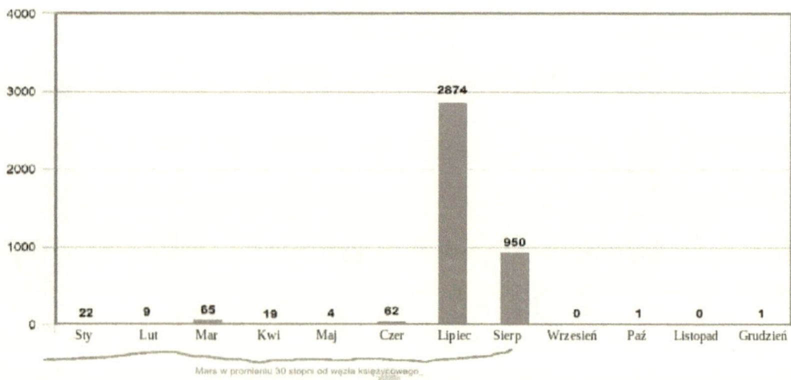

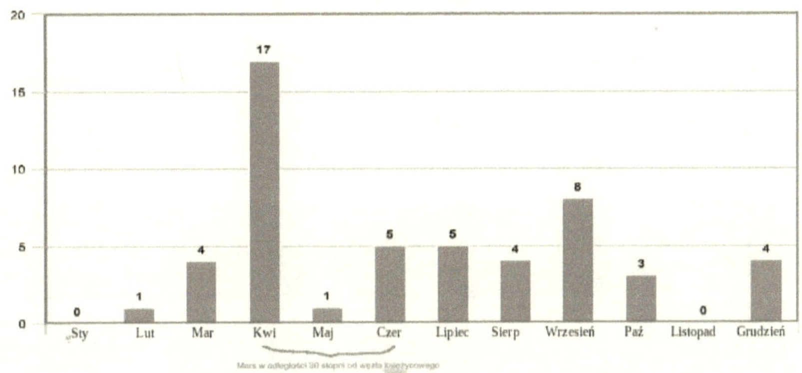

Ostrzał rakietowy Izraela w 2013 r.
20
15
10
5
0
0
1
4
17
1
5
5
4
8
3
0
4
Sty
Lut
Mar
Kwi
Maj
Czer
Lipiec
Sierp
Wrzesień
Paź
Listopad
Grudzień
Mars w odległości 30 stopni od węzła księżycowego
meta-wykres.com

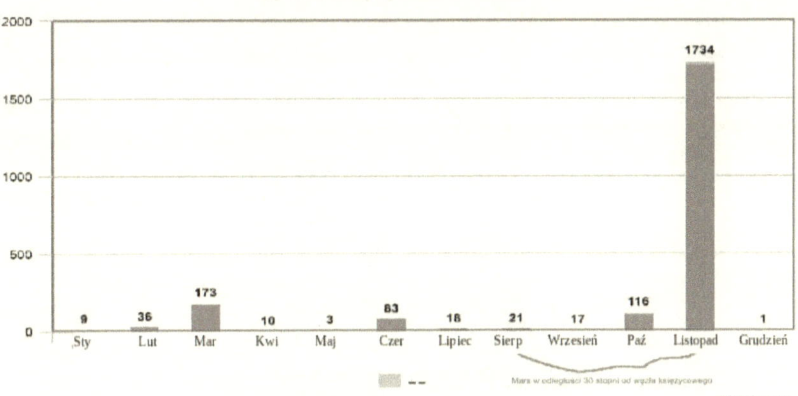

Ostrzał rakietowy Izraela w 2012 r.
2000
1500
1000
500
0
9
36
173
10
3
83
18
21
17
116
1734
1
Sty
Lut
Mar
Kwi
Maj
Czer
Lipiec
Sierp
Wrzesień
Paź
Listopad
Grudzień
Mars w odległości 30 stopni od węzła księżycowego
meta-wykres.com

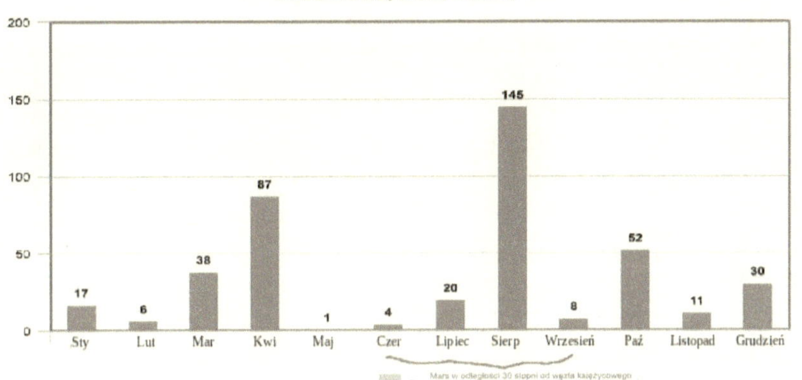

Ostrzał rakietowy Izraela w 2011 r.
200
150
100
50
0
17
6
38
87
1
4
20
145
8
52
11
30
Sty
Lut
Mar
Kwi
Maj
Czer
Lipiec
Sierp
Wrzesień
Paź
Listopad
Grudzień
Mars w odległości 30 stopni od węzła księżycowego
meta-wykres.com

Ostrzał rakietowy Izraela w 2010 r.

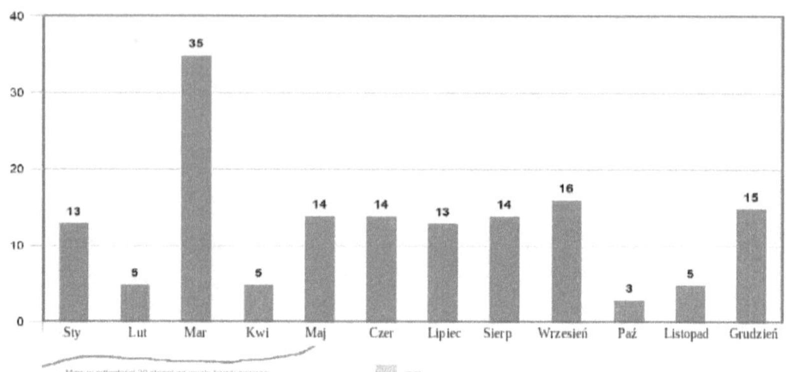

Ostrzał rakietowy Izraela w 2009 r.

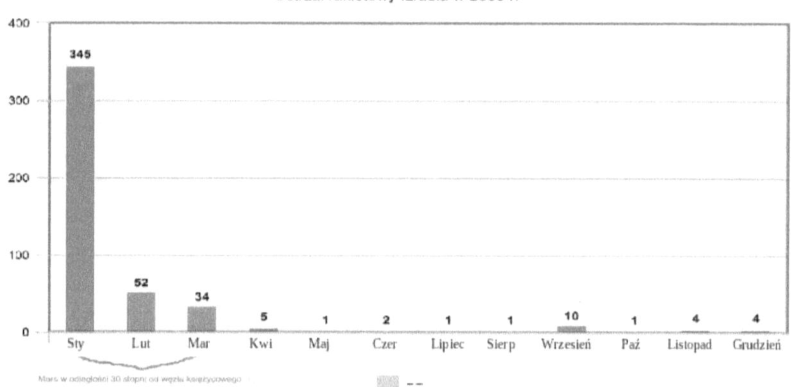

Ostrzał rakietowy Izraela w 2008 r.

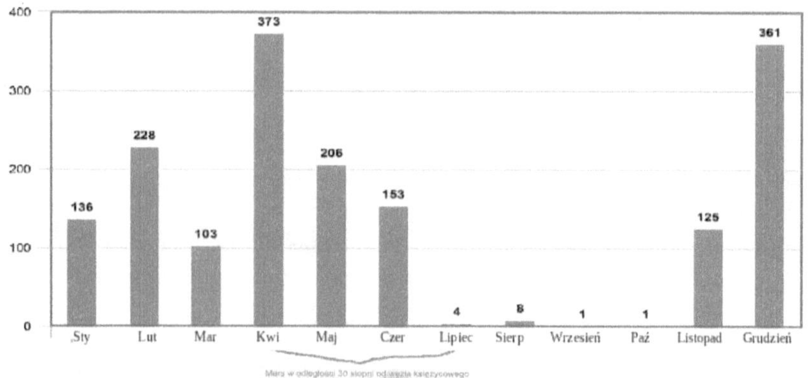

Ostrzał rakietowy Izraela w 2007 r.

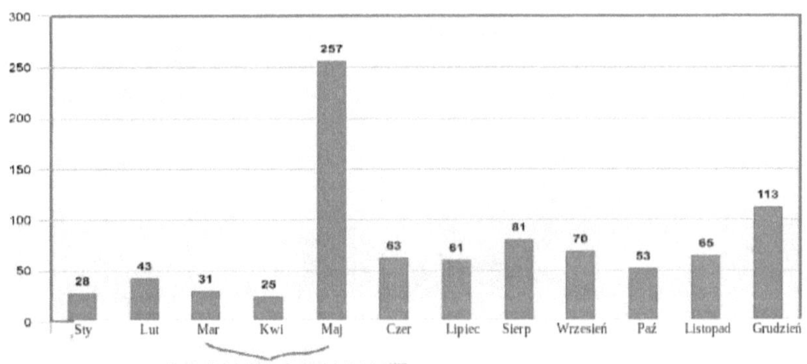

Ostrzał rakietowy Izraela w 2006 r.

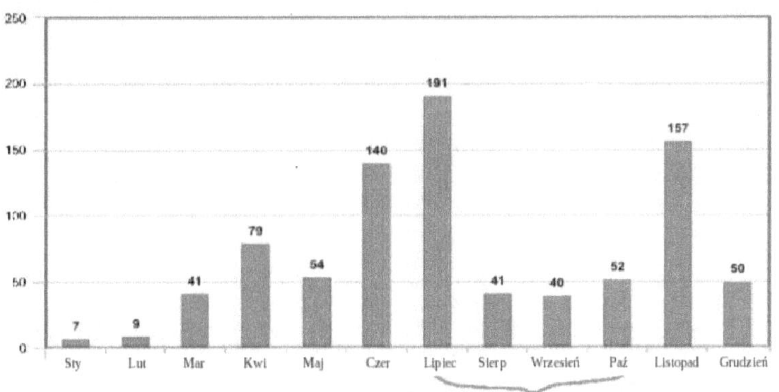

Ostrzał rakietowy Izraela w 2005 r.

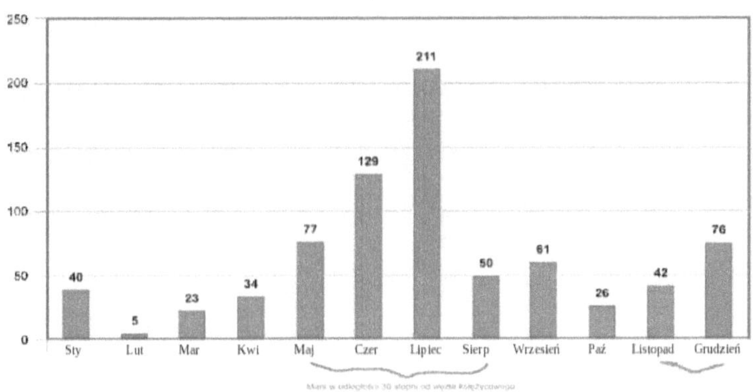

Sekcja II

W tej sekcji opisano 25 największych krachów i spadków na giełdzie w historii Stanów Zjednoczonych. Dane pokazują 100% korelację między tymi zdarzeniami a pozycją Marsa względem Ziemi. Każdy krach na giełdzie i większy spadek w historii Stanów Zjednoczonych miały miejsce, gdy Mars krążył za Słońcem, widziany z Ziemi.

Aby zapewnić odpowiedni kontekst temu, co pokazuje ten artykuł, należy wziąć pod uwagę niedawne badanie opublikowane w Nature Communications w marcu 2024 r., około 5 lat po pierwszym zaprezentowaniu tego pomysłu opinii publicznej. W badaniu opublikowanym w marcu 2024 r. naukowcy odkryli, że Mars wywiera siłę grawitacji na nachylenie Ziemi, wystawiając ją na wyższe temperatury i więcej światła słonecznego, a wszystko to w cyklu trwającym 2,4 miliona lat. Twierdzę, że prowadzi nas to do przekonania, że nawet w krótszych skalach czasowych Mars w dalszym ciągu wywiera siłę grawitacyjną na nachylenie osi Ziemi wystarczającą do podniesienia temperatury, gdy planeta znajduje się wewnątrz nie większej niż 30 stopni od węzła księżycowego, co oznacza, że będzie to miało wpływ na ludzi zachowanie. Powołując się na fakt, że istnieją liczne badania łączące agresję i drażliwość z wyższymi temperaturami, stawiam aksjomat, a następnie argumentuję, że Mars wewnątrz 30 stopni od węzła księżycowego powinien oddziaływać na mózg, wpływając na percepcję, zmniejszając i wywołując agresję i drażliwość.

Oto, co się dzieje, gdy Mars okrąża Słońce, wywierając siłę grawitacji na nachylenie osi Ziemi. Na tej pierwszej grafice grawitacja Marsa odciąga Ziemię od Słońca.

Na następnej grafice grawitacja Marsa przyciąga Ziemię w stronę Słońca.

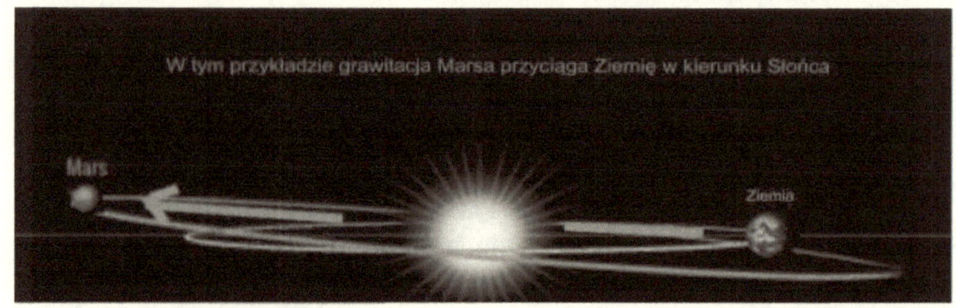

W tym drugim przypadku scenariusz ten powinien mieć największy wpływ na ludzkie zachowanie. Oto jak wygląda ten scenariusz, w którym Mars powoduje nachylenie Ziemi w stronę Słońca, na wykresie astrologicznym. To jest wykres krachu na giełdzie z 28 października 1929 roku. Na wykresie astrologicznym planeta Ziemia zawsze znajduje się naprzeciwko Słońca.

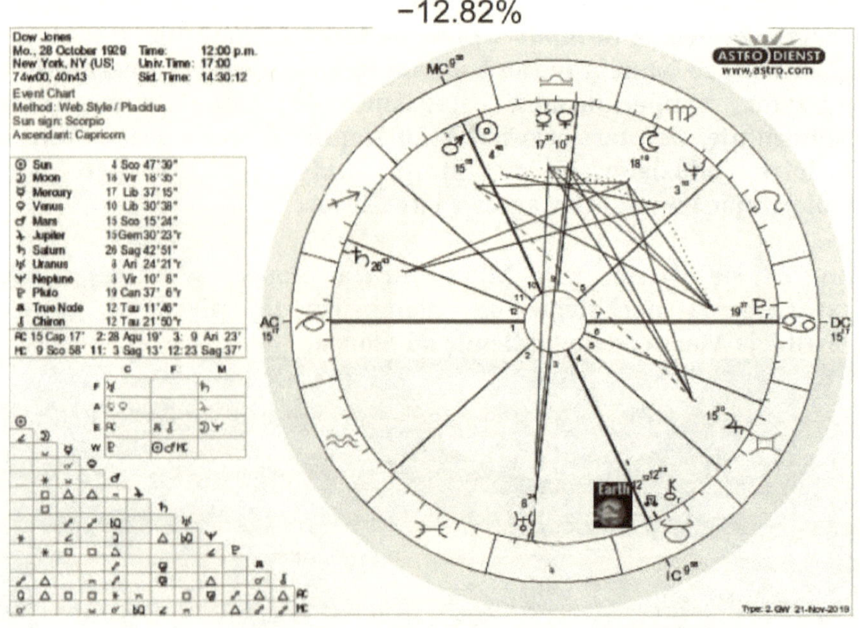

Oto widok z góry tego samego scenariusza konstelacji planet.

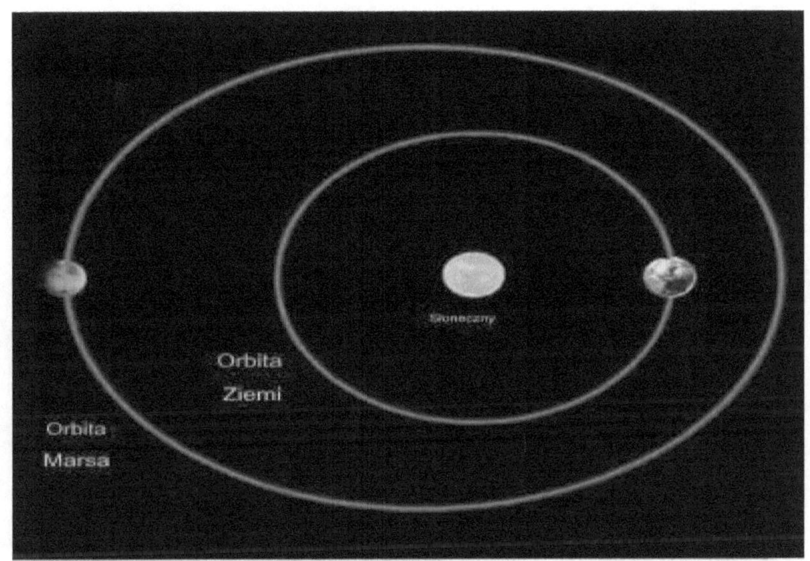

We wszystkich większych krachach na giełdach i jednodniowych stratach Mars znajdował się gdzieś wzdłuż białej linii, jak pokazano na tym wykresie, co, jak sugerują badania, wskazywałoby, że Mars powoduje nachylenie Ziemi w stronę Słońca, powodując drażliwość.

W ten sposób ten sam obraz jest przedstawiony na wykresie astrologicznym. Zobacz następną stronę. Zwróć uwagę na białą linię.

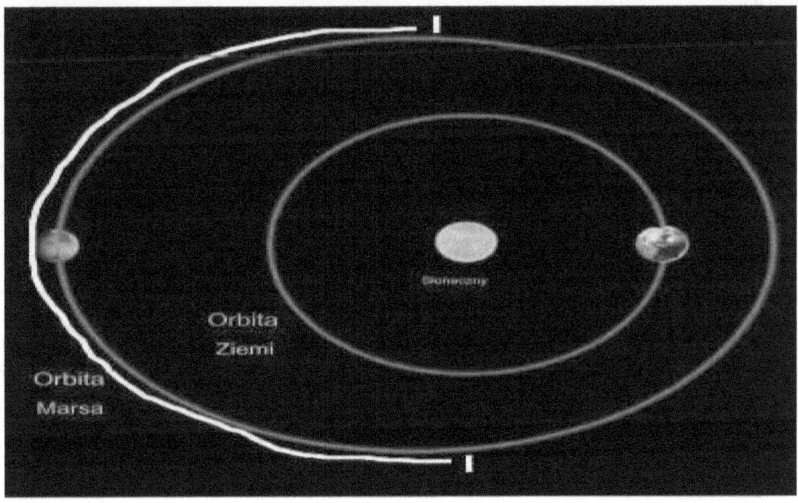

$$-12.82\%$$

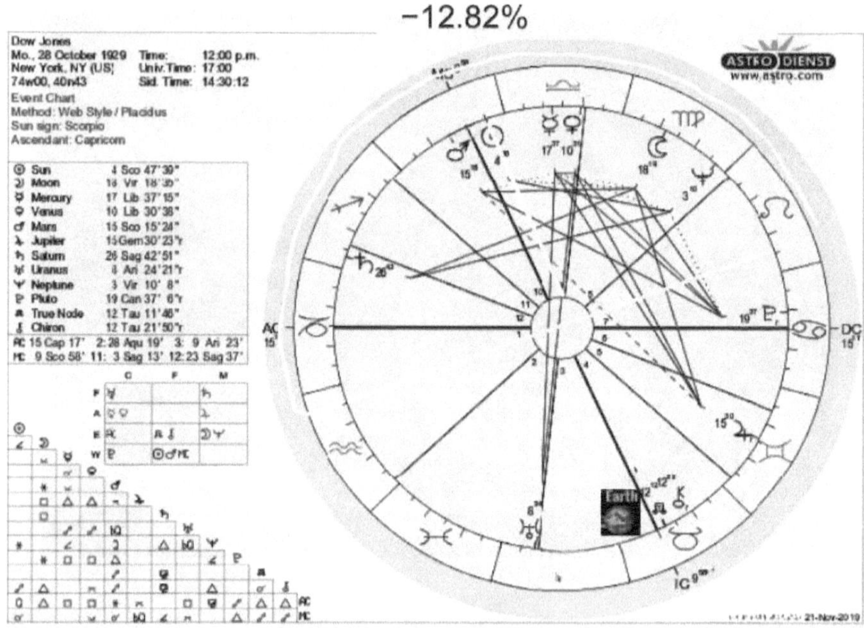

Wszystkie największe krachy lub spadki na giełdzie w ciągu dnia miały miejsce, gdy Mars pojawił się w obrębie tej białej linii narysowanej na podstawie stopnia Słońca.

Ta perspektywa powinna pomóc czytelnikowi wyjść poza z góry przyjęte pojęcie absurdu i dostrzec, że ma to wartość naukową

Oto pozostałe krachy na giełdzie, wraz z wykresami astrologicznymi i wykresem pozycji Marsa w kosmosie

Krach na giełdzie 19 października 1987 r

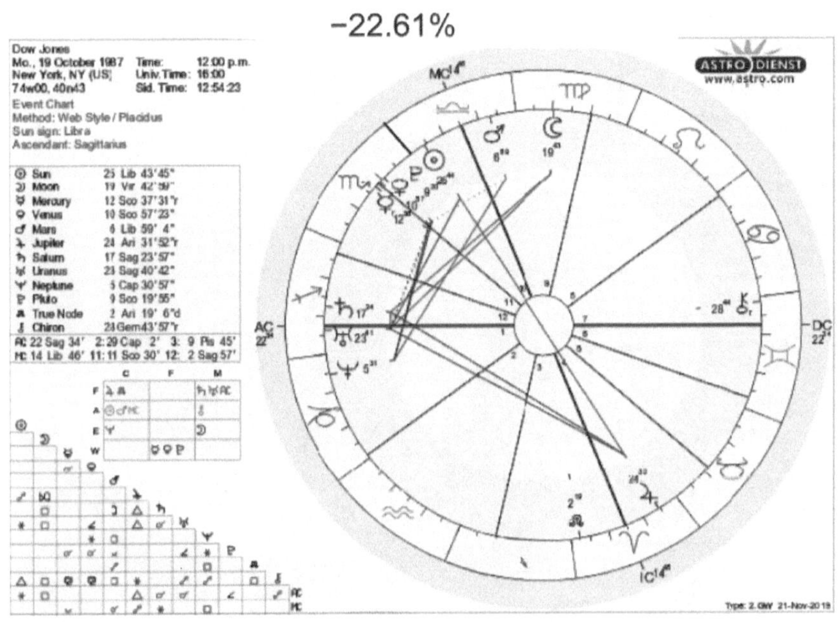

Tak tego dnia Mars znajdował się w kosmosie w stosunku do Ziemi:

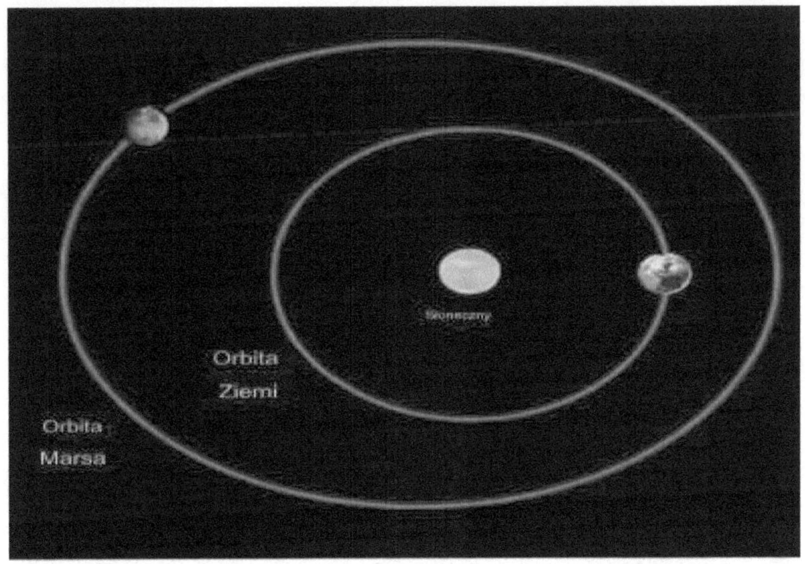

6 listopada 1929 krach na giełdzie

-9.92%

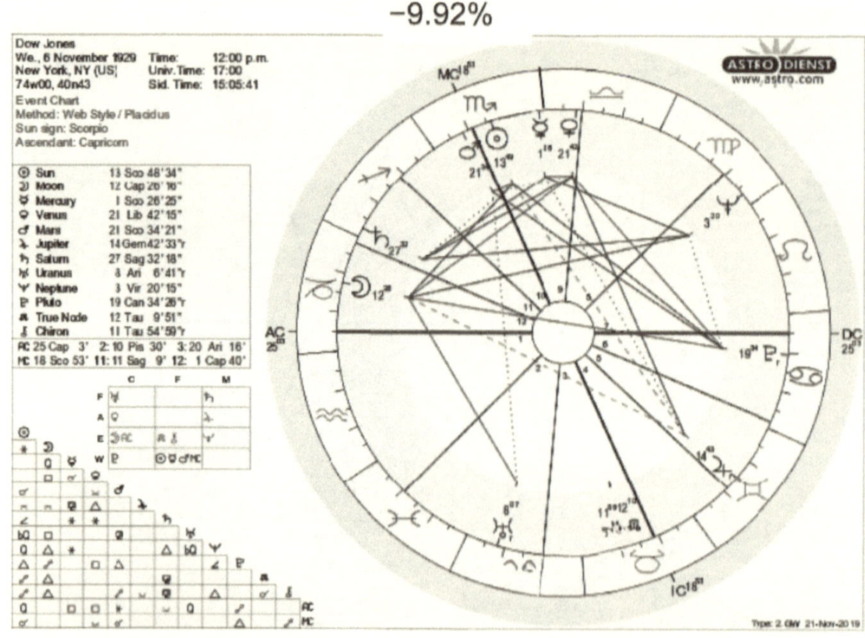

Tutaj Mars znajdował się w kosmosie z ziemskiej perspektywy

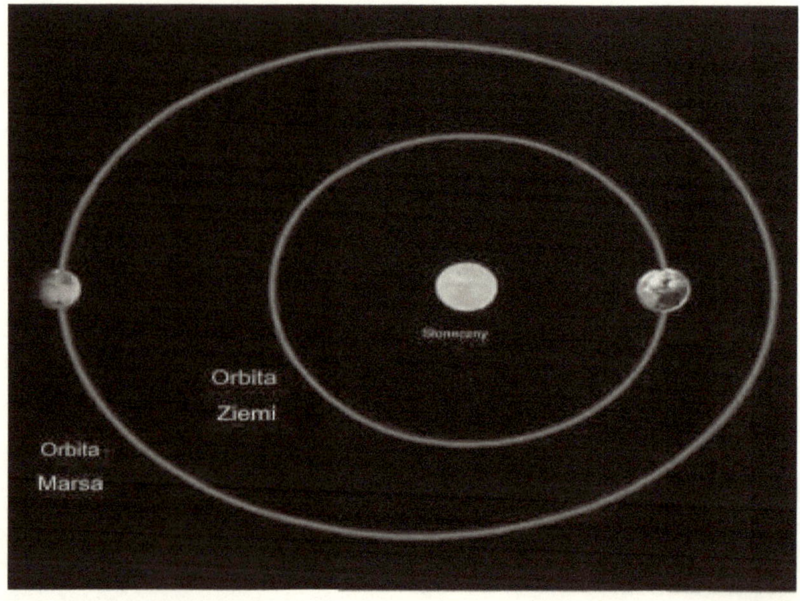

16 marca 2020 Krach na giełdzie

-12,93

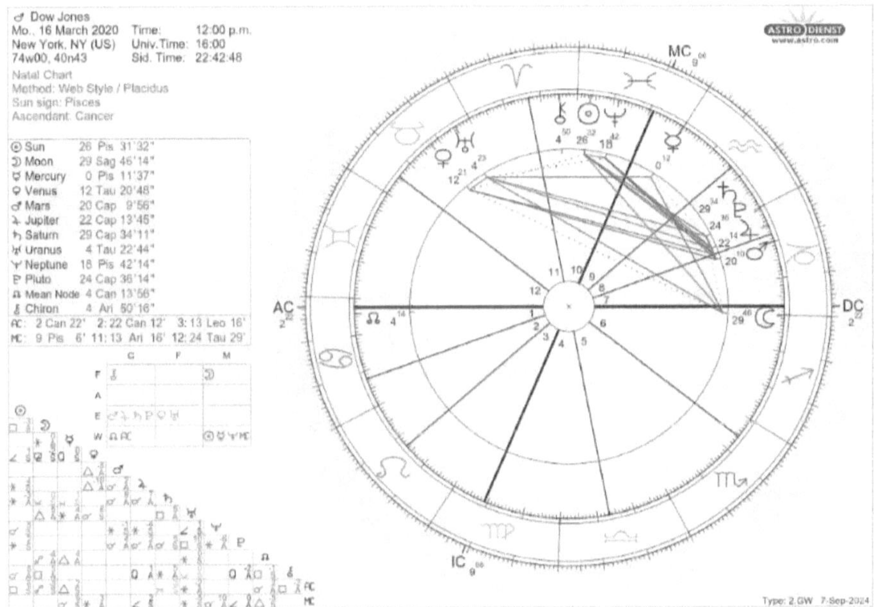

W ten sposób Mars został ustawiony na niebie w stosunku do Ziemi

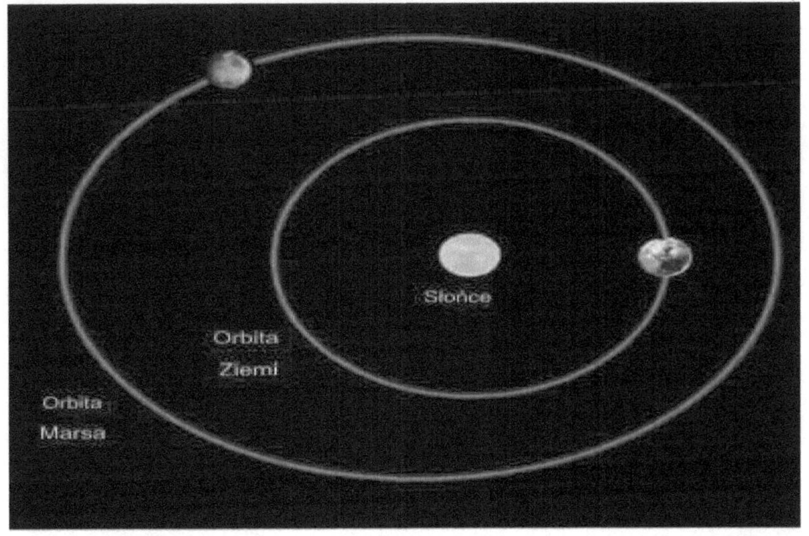

12 marca 2020 Krach na giełdzie
-9,99

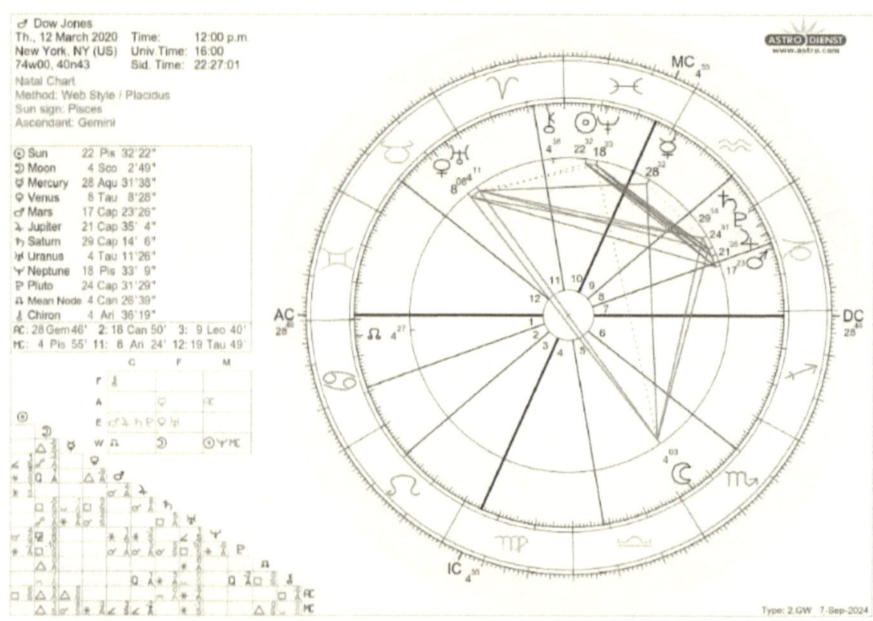

Tak tego dnia Mars stał na niebie

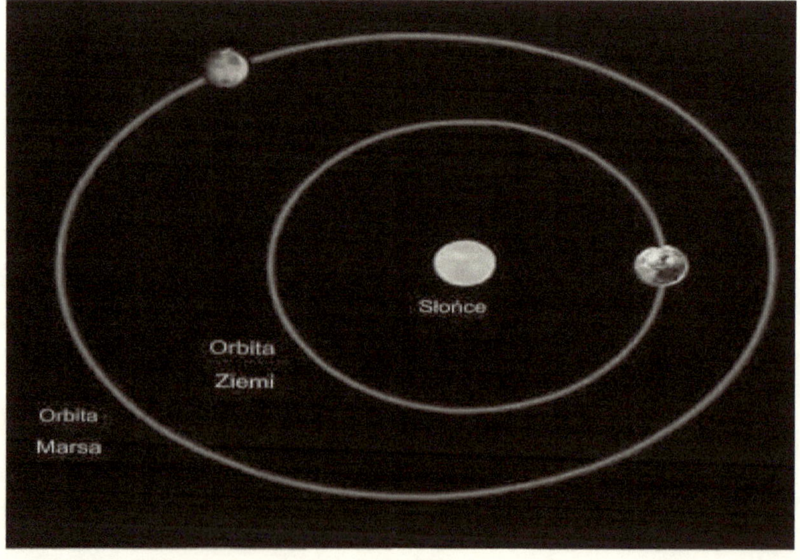

9 marca 2020 Krach na giełdzie

-7,79

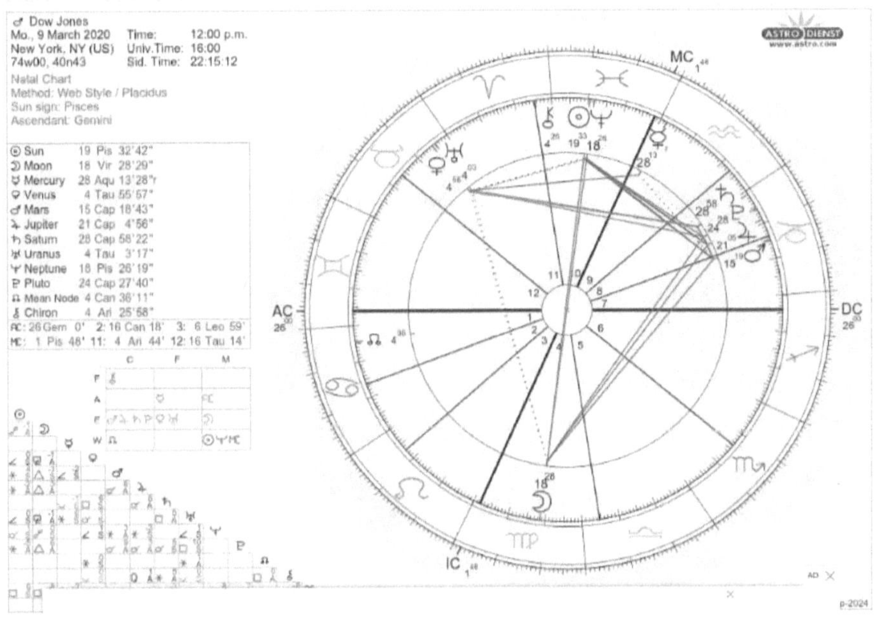

Tego dnia Mars był tu na niebie

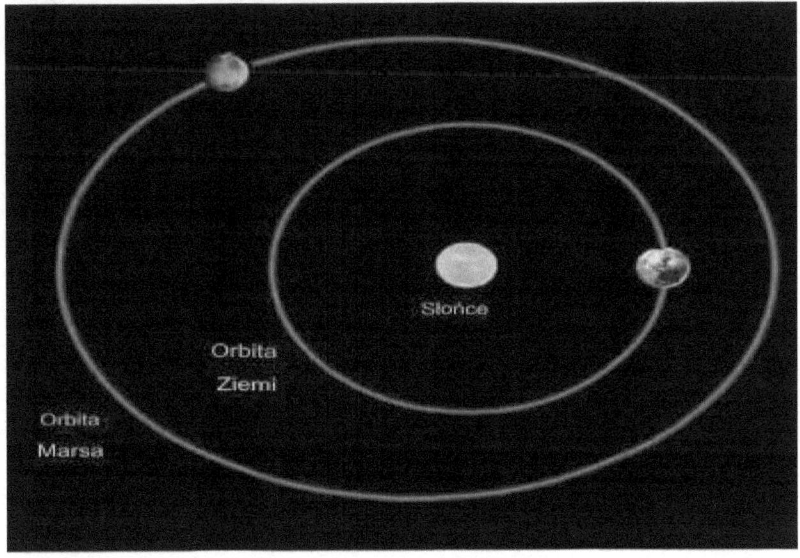

18 grudnia 1899 r. giełda spadła o 8,72%.

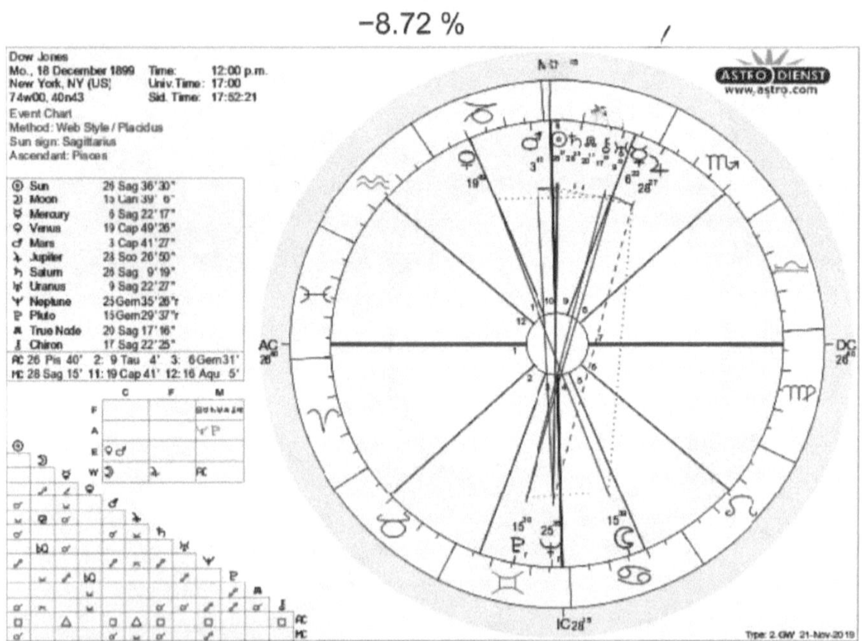

Tak tego dnia Mars stał na niebie

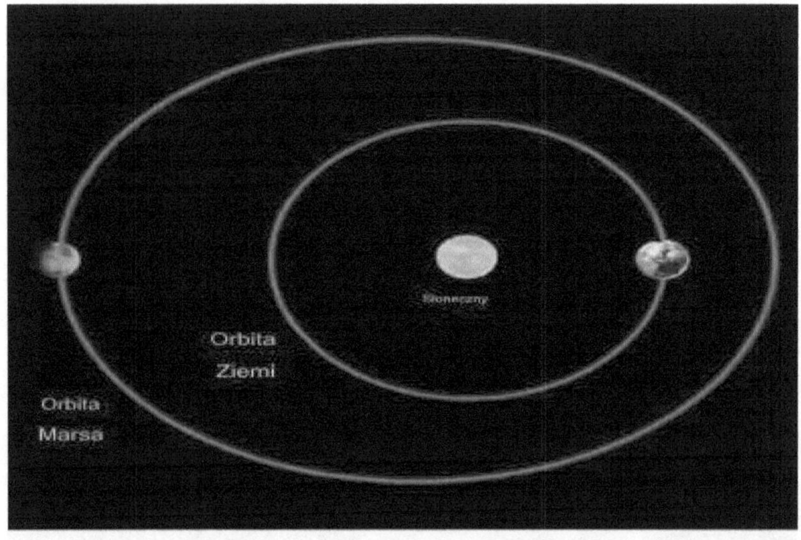

12 sierpnia 1932 r. giełda spadła o 8,4%

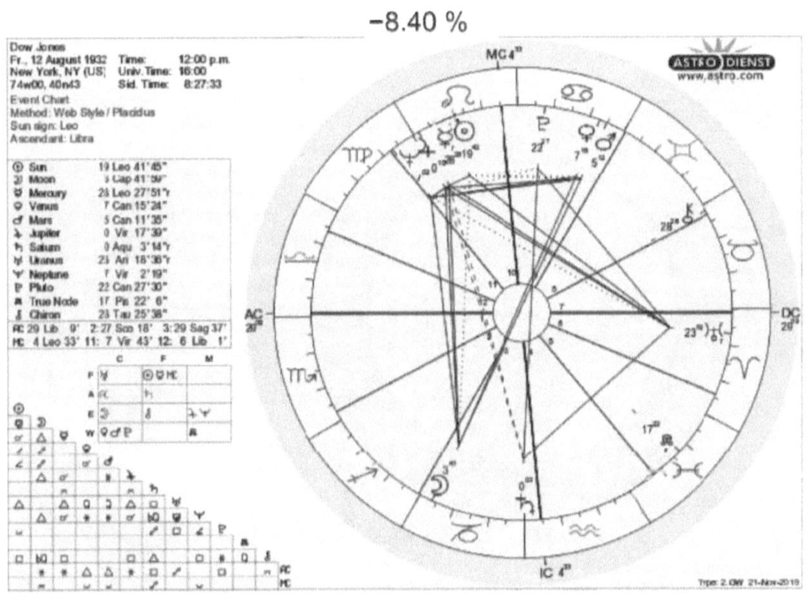

Tak tego dnia Mars stał na niebie

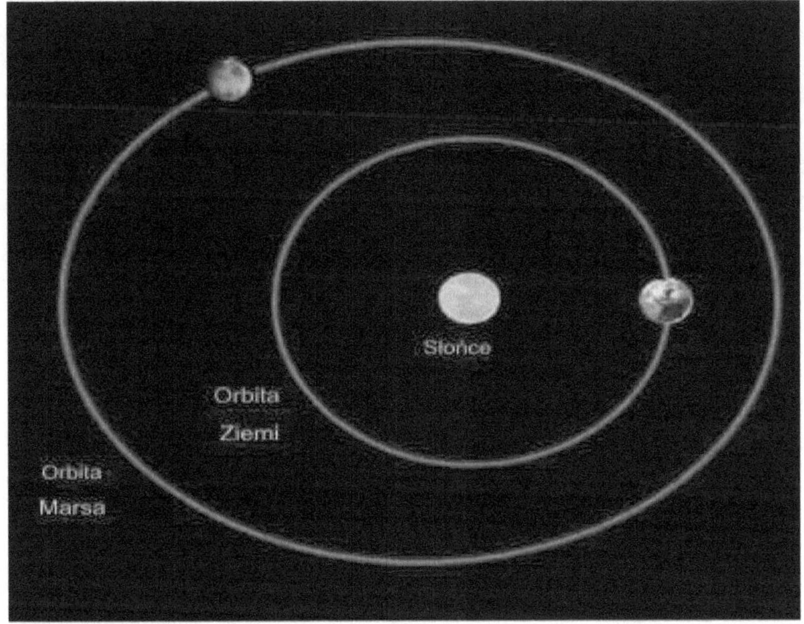

14 marca 1907 r. giełda spadła o 8,29%

−8.29%

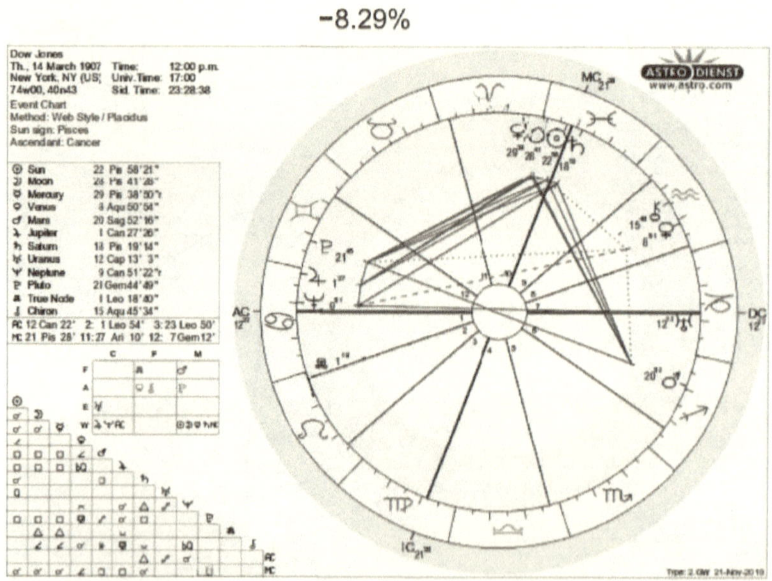

Tak tego dnia Mars stał na niebie

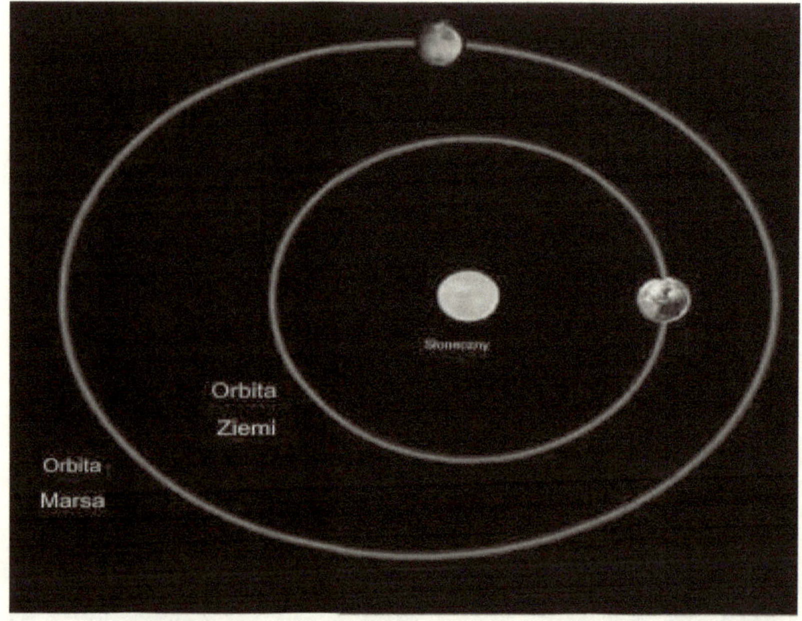

26 października 1987 r. giełda spadła o 8,04%.

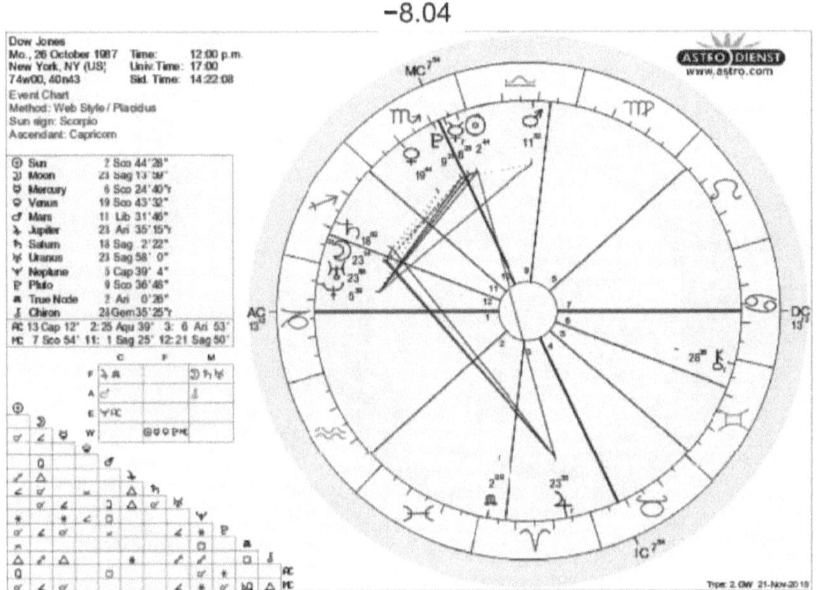

Tego dnia Mars był tu na niebie

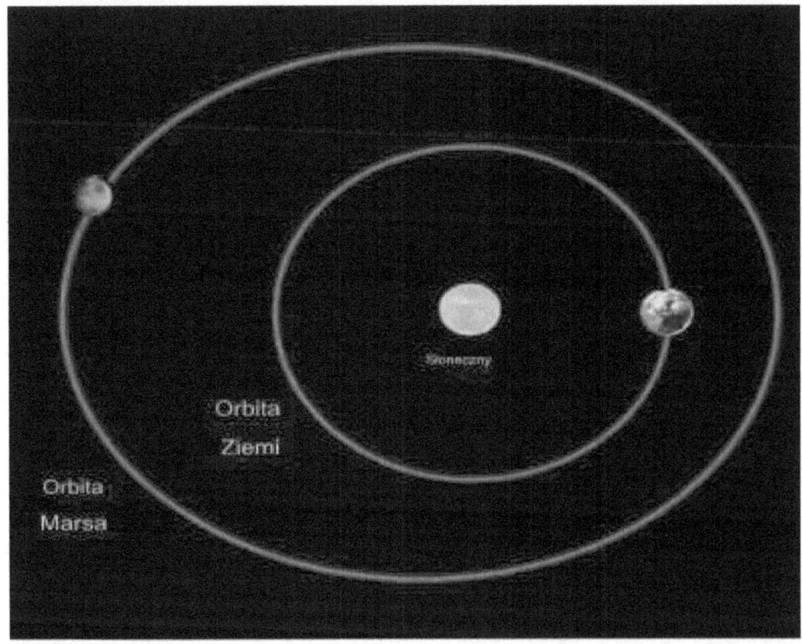

15 października 2008 r. giełda spadła o 7,87%

−7.87%

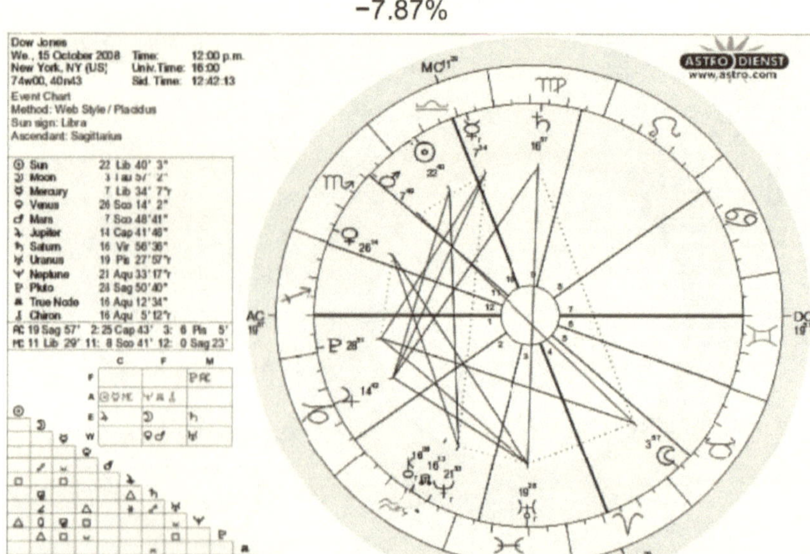

Tego dnia Mars był tu na niebie

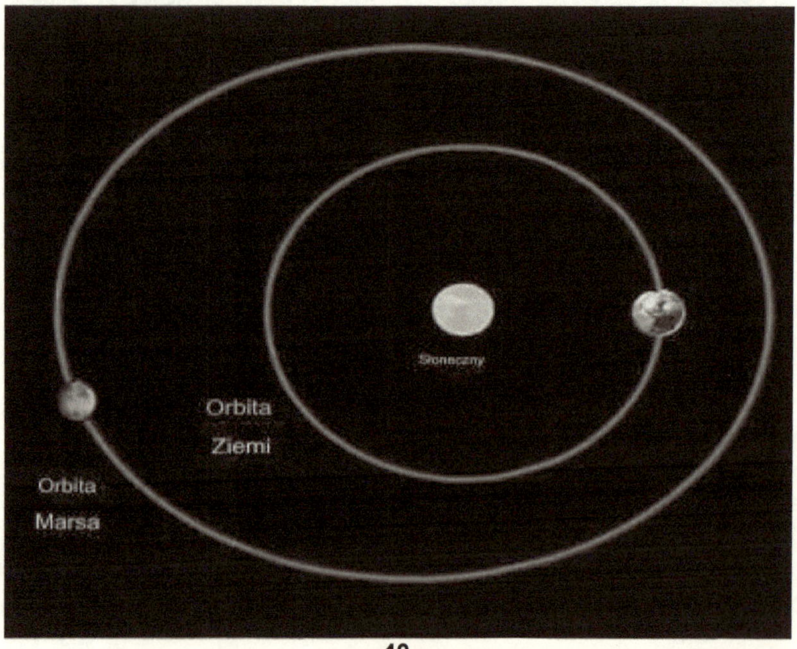

21 lipca 1933 r. Giełda spadła o -7,84

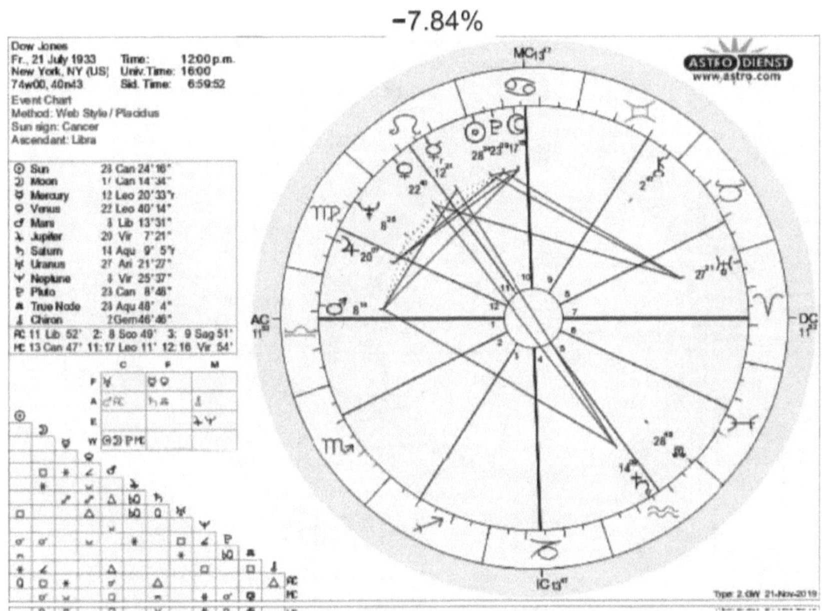

Tego dnia Mars był tu na niebie

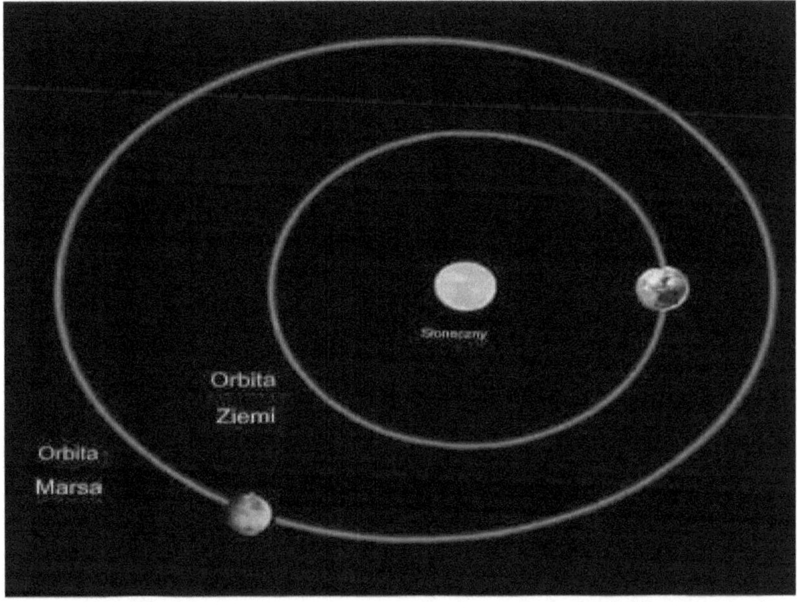

18 października 1937 r. giełda spadła o 7,75%

-7.75%

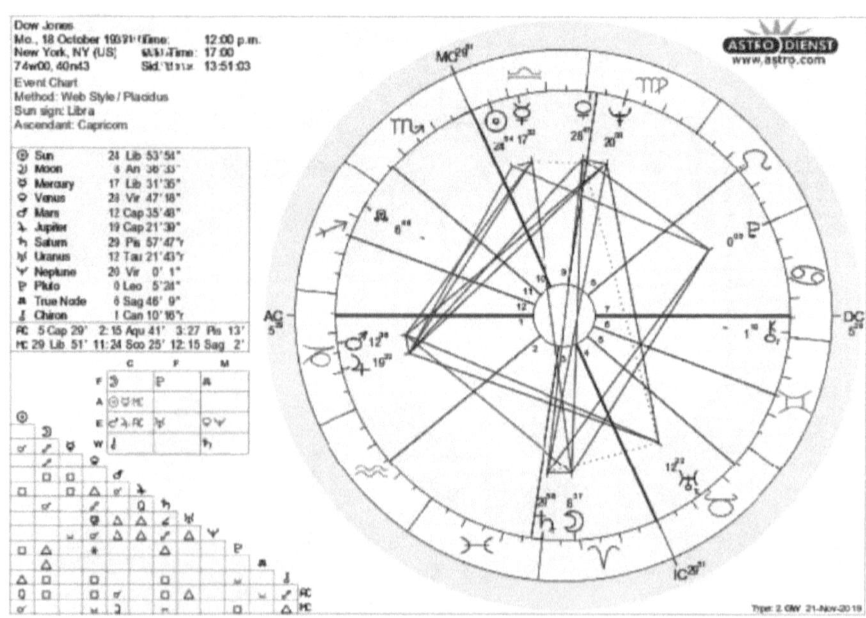

To tutaj Mars był tego dnia

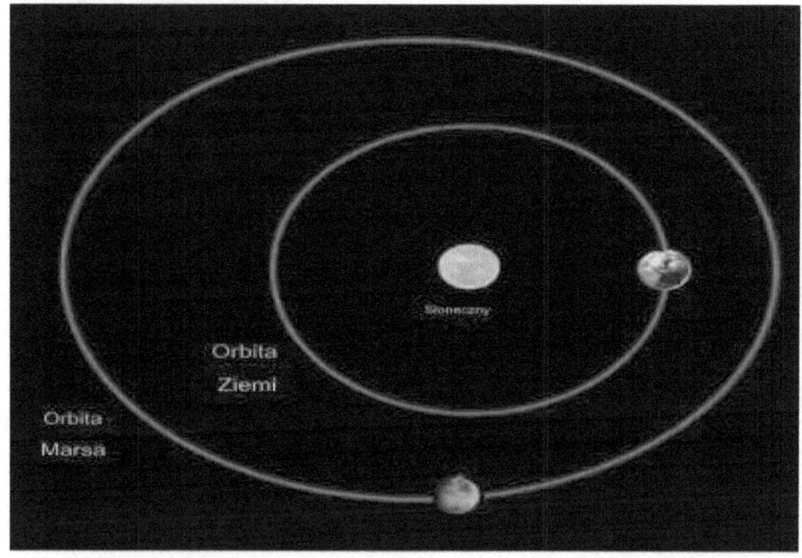

1 grudnia 2008 r. giełda spadła o -7,70%

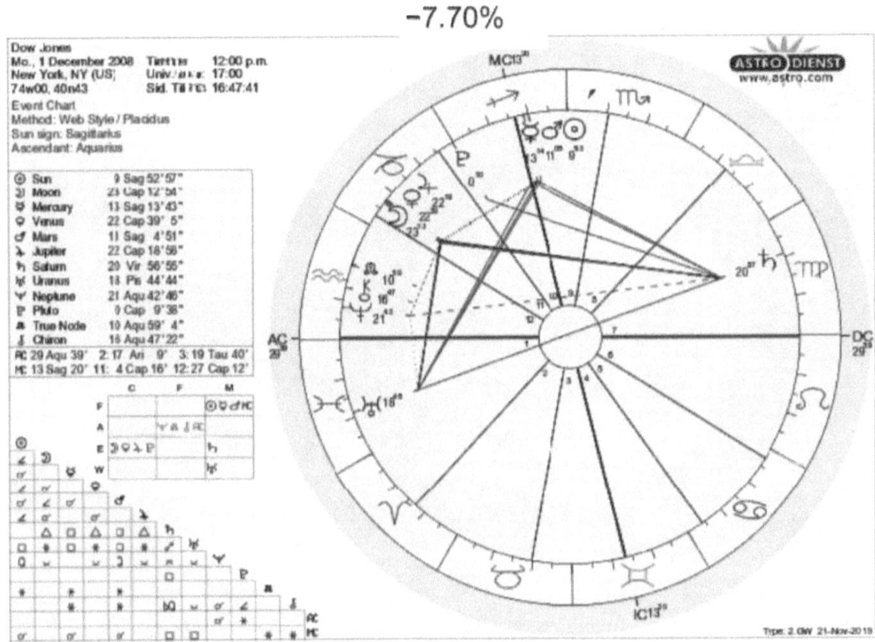

Oto pozycja Marsa na niebie tego dnia

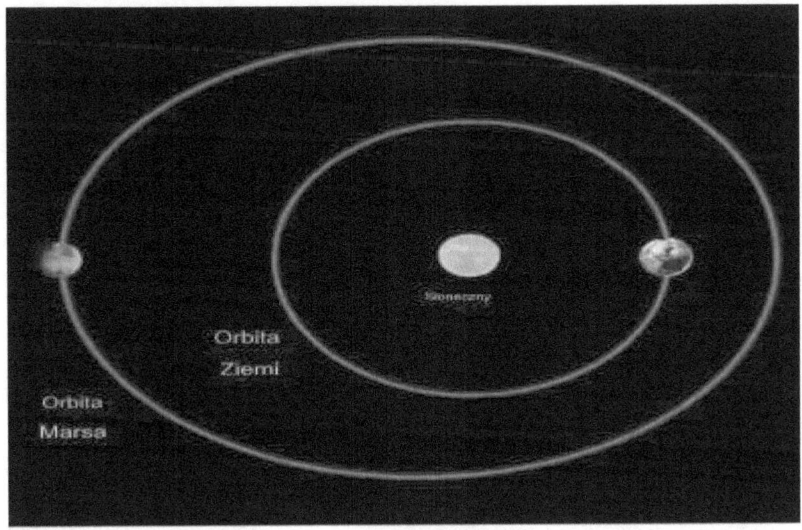

W dniu 9 października 2008 r. giełda spadła o 7,33%

−7.33 %

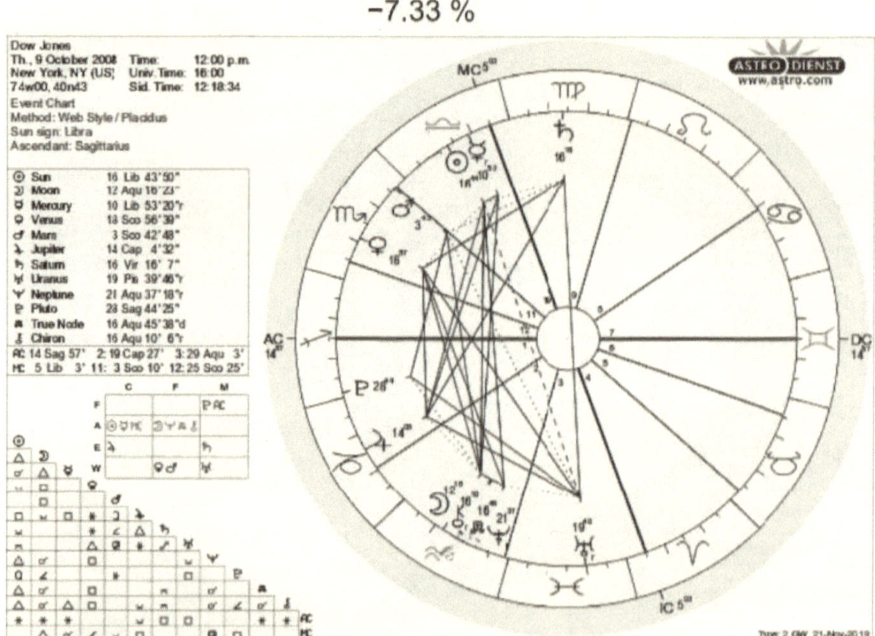

Oto pozycja Marsa na niebie tego dnia

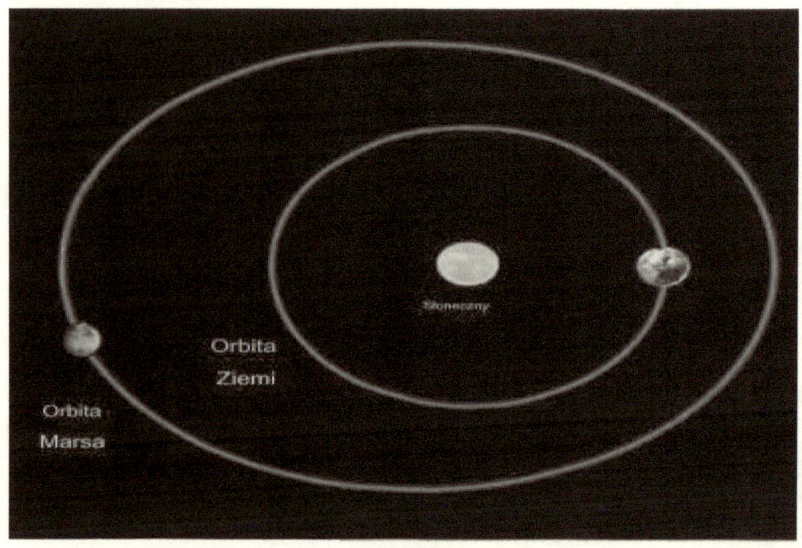

1 lutego 1917 r. giełda spadła o 7,24%

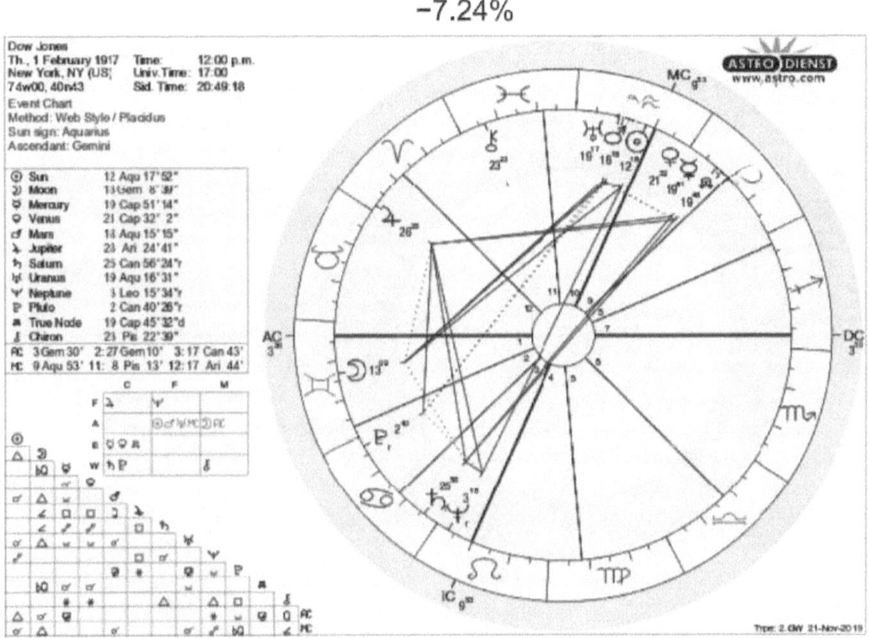

Tego dnia Mars był tu na niebie

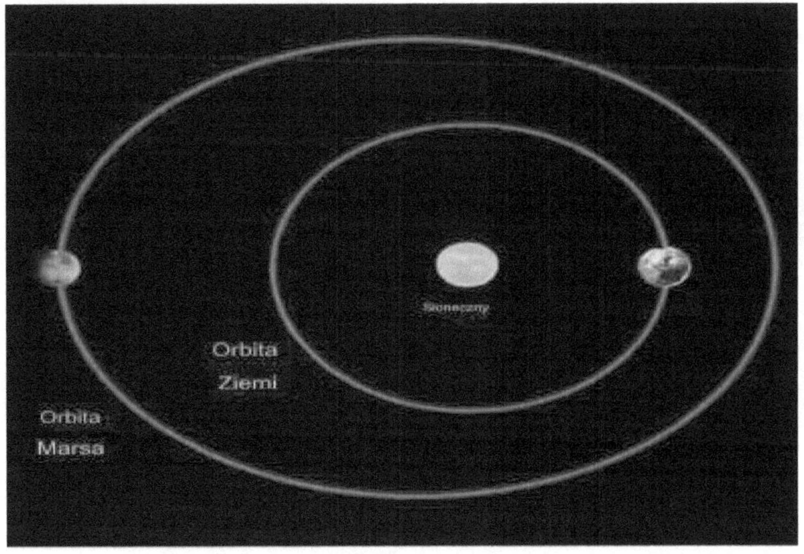

27 października 1997 r. giełda spadła o 7,18%.

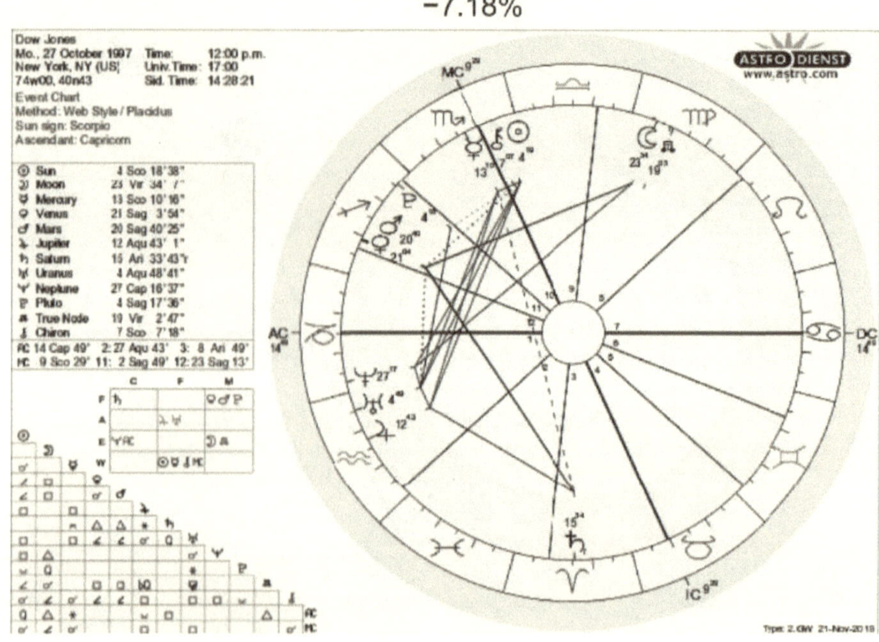

Tego dnia Mars był tu na niebie

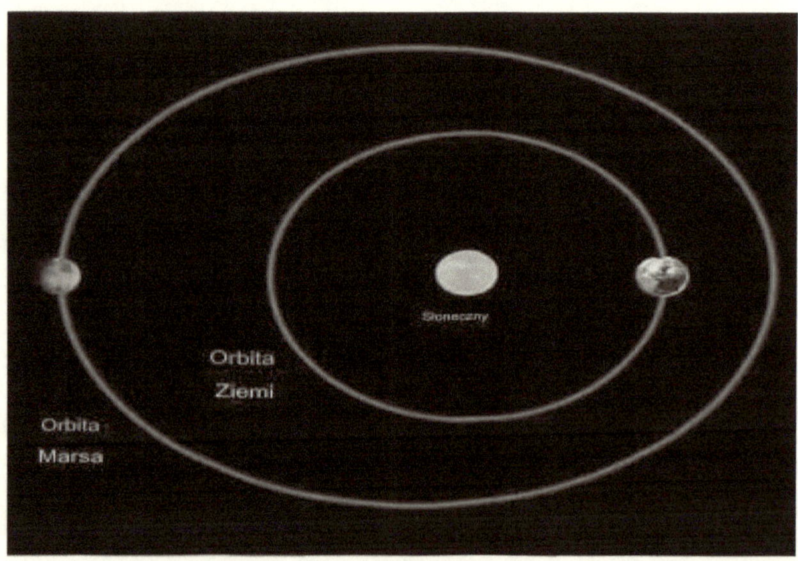

5 października 1932 r. giełda spadła o 7,15%.

−7.15 %

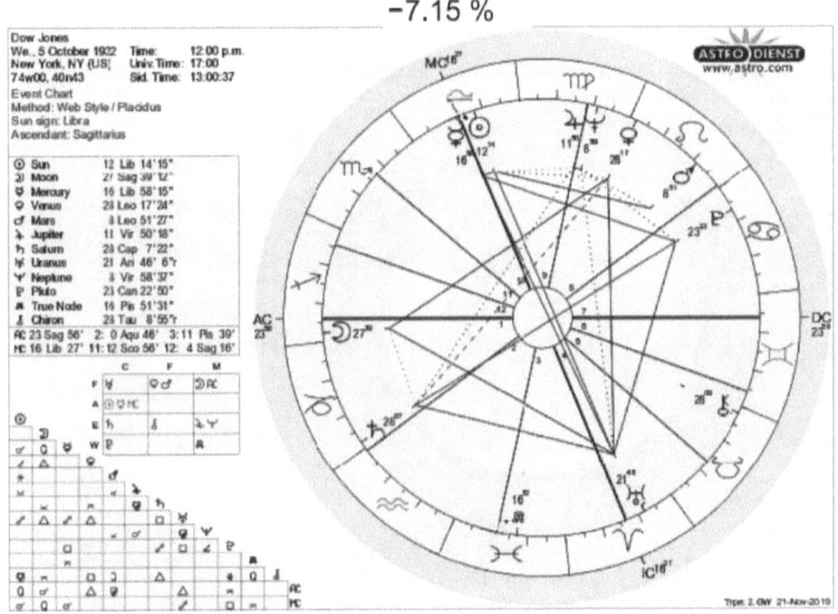

Tego dnia Mars był tu na niebie

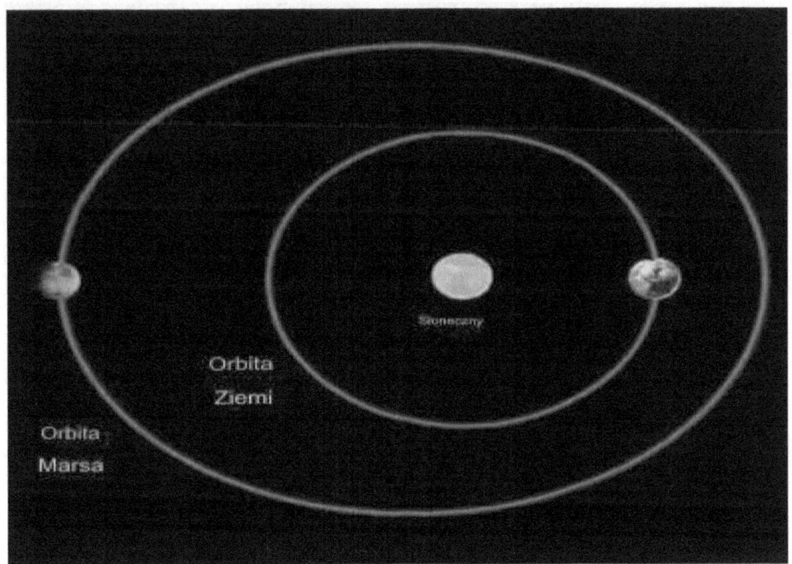

17 września 2001 r. giełda spadła o 7,13%

−7.13%

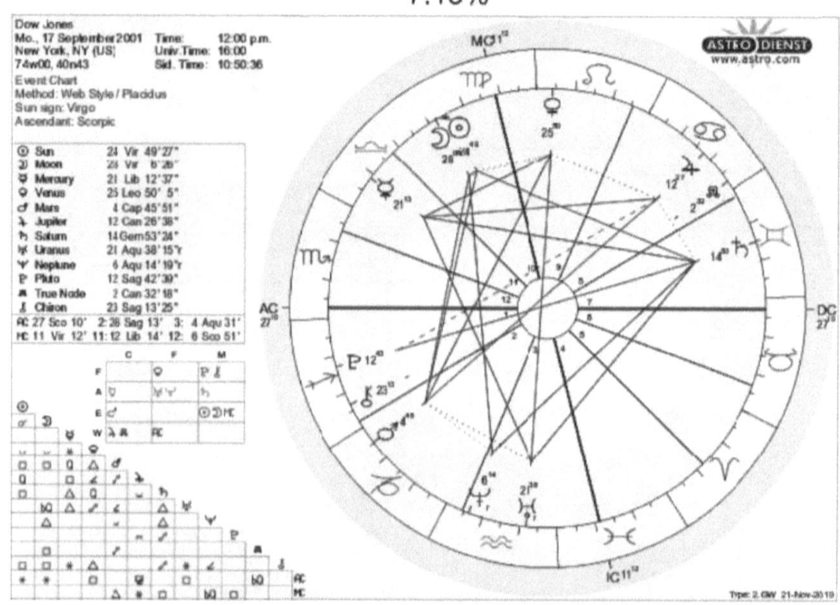

Tego dnia Mars był tu na niebie

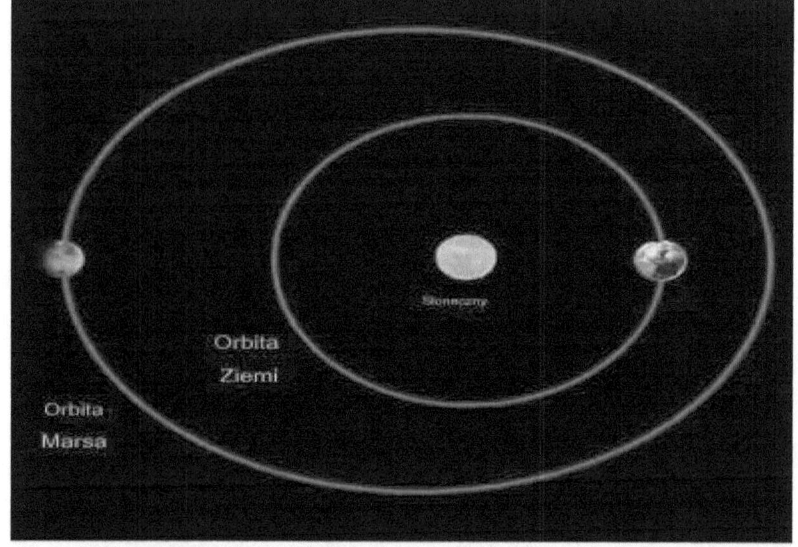

24 września 1931 r. giełda spadła o 7,07%

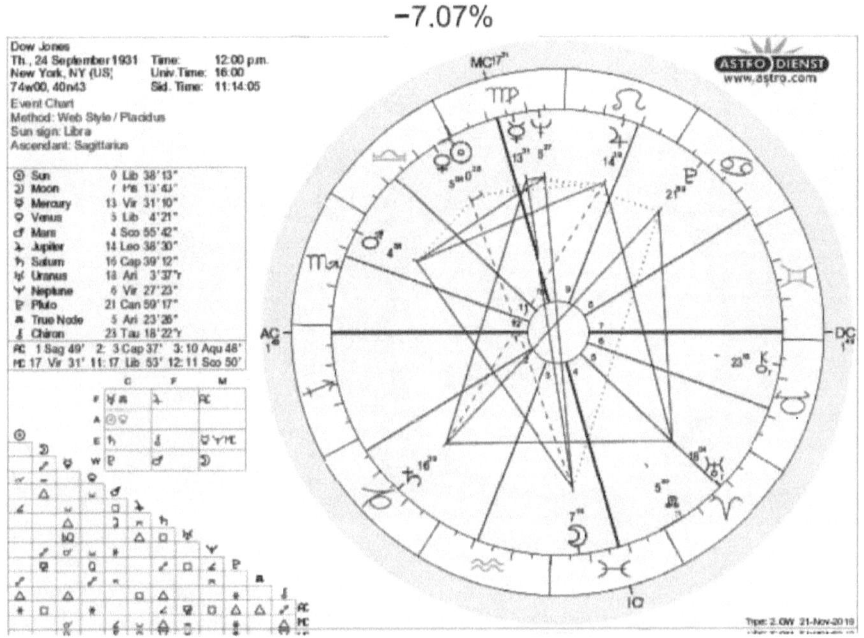

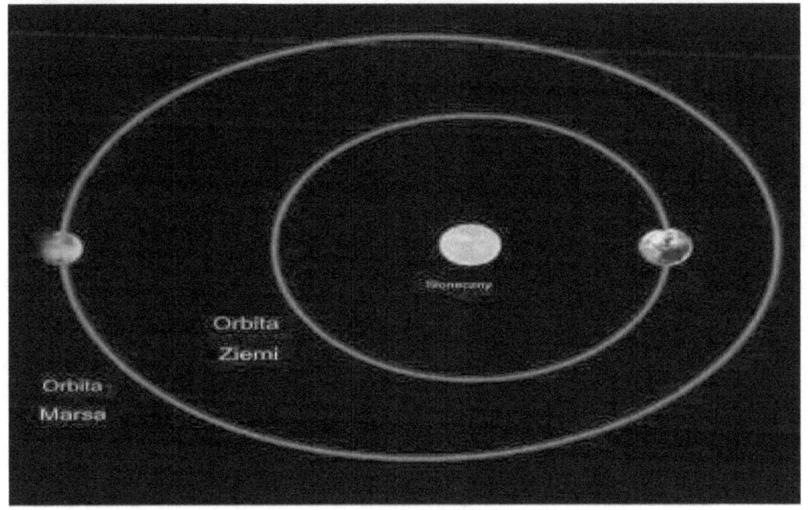

Tego dnia Mars był tu na niebie

20 lipca 1932 r. giełda spadła o 7,07%

-7.07%

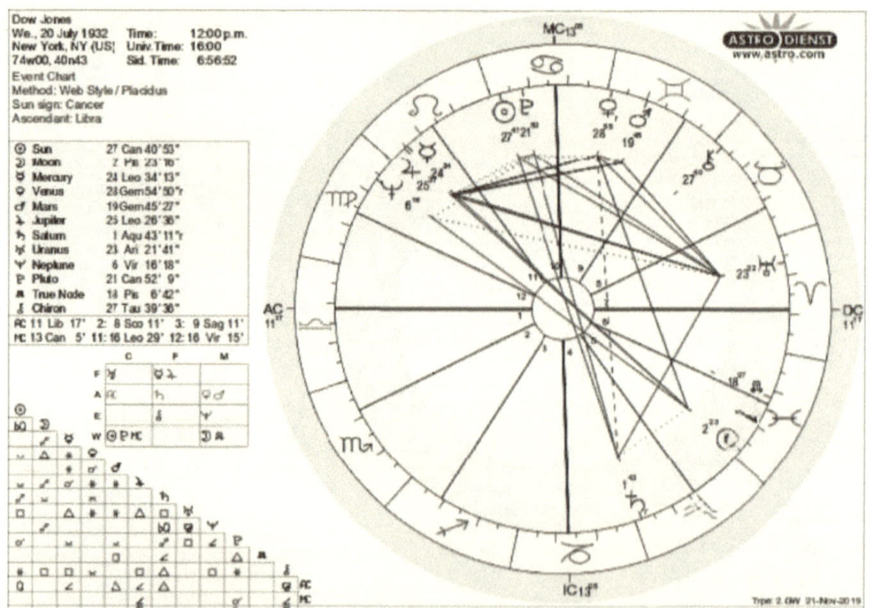

Tego dnia Mars był tu na niebie

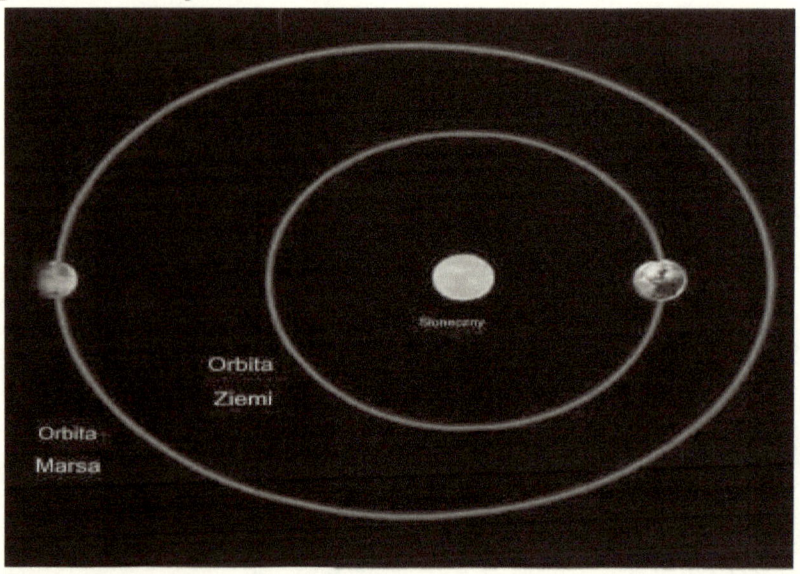

30 lipca 1914 r. giełda spadła o 6,91%

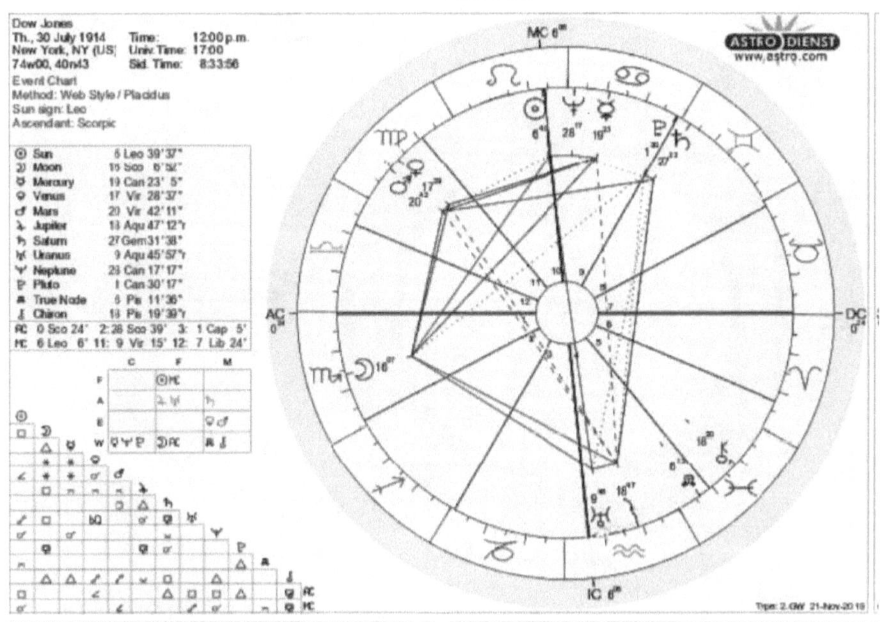

Tego dnia Mars był tu na niebie

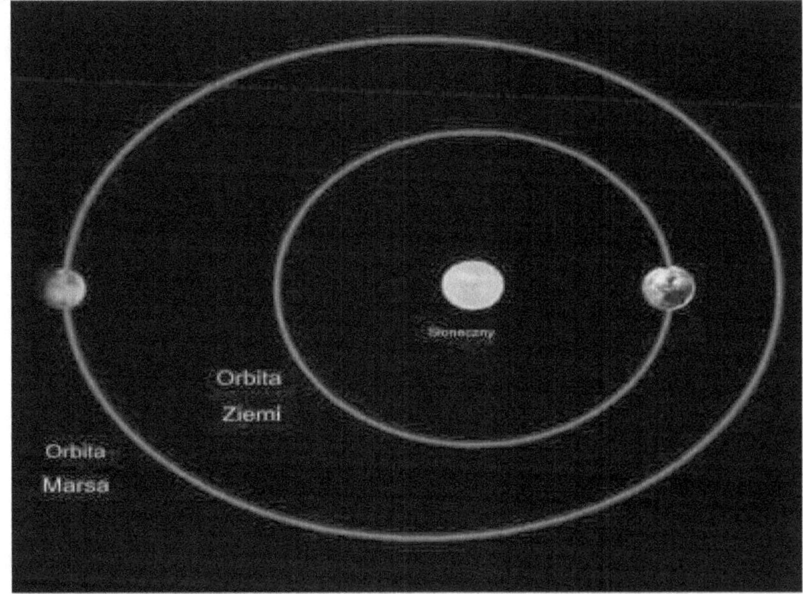

29 września 2008 r. Giełda spadła o 6,98%
-6,98%

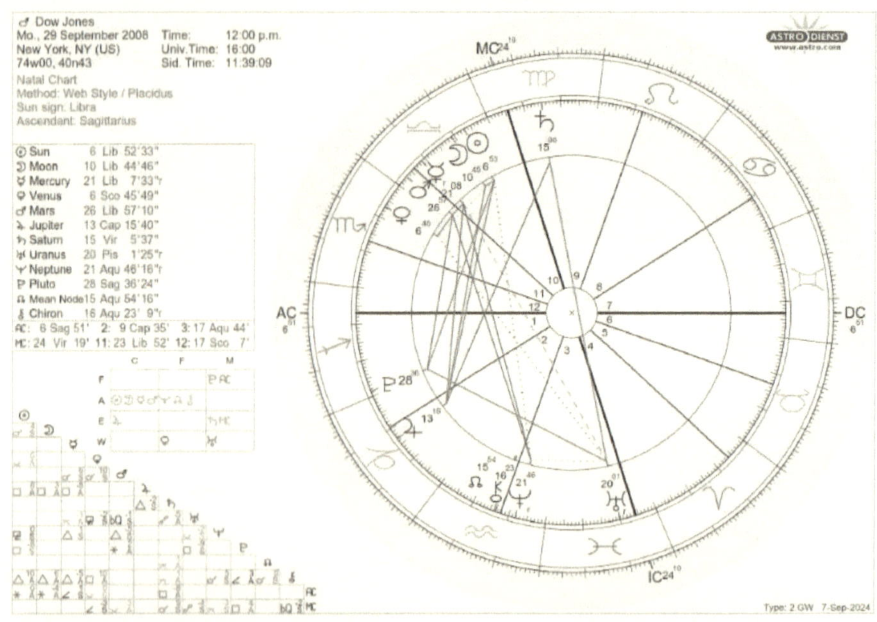

Tego dnia Mars był tu na niebie

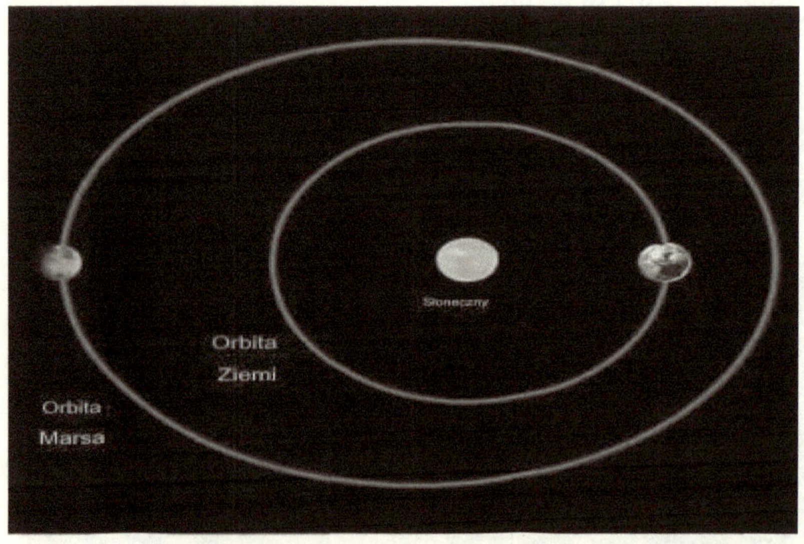

W dniu 8 sierpnia 2011 r. giełda spadła o 5,15%.

-5,15%

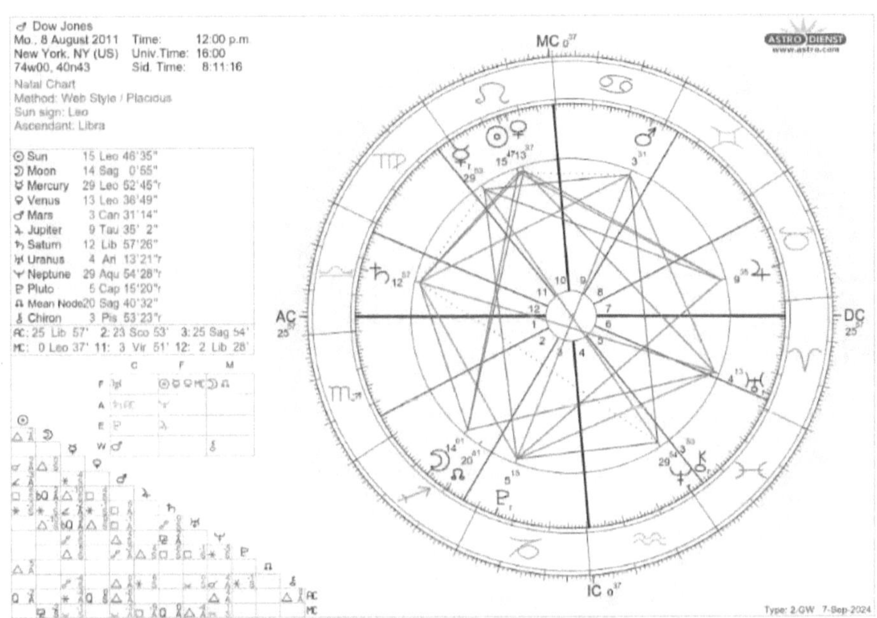

Tego dnia Mars był tu na niebie

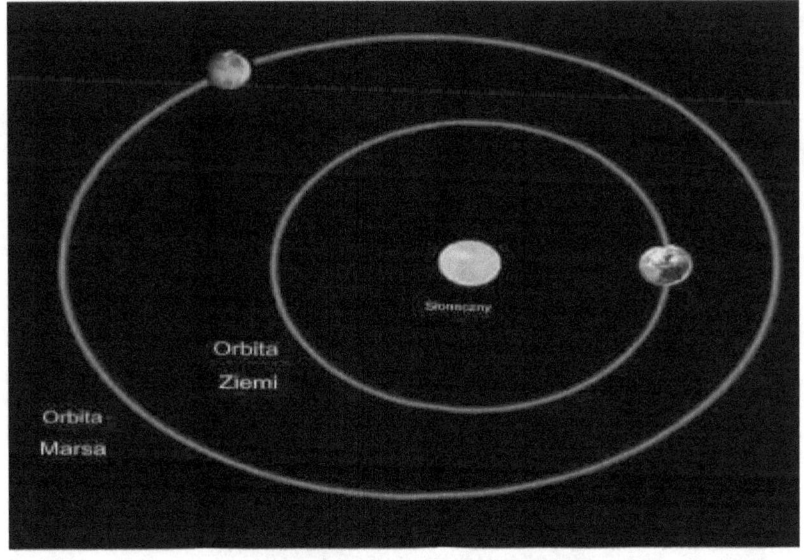

14 kwietnia 2000 r. giełda spadła o 5,66%

-5,66%

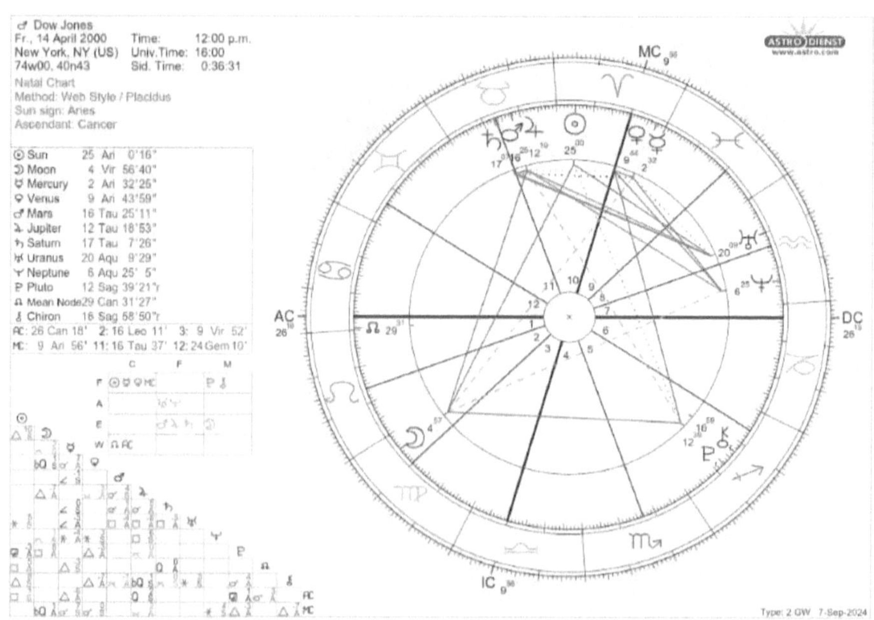

Tego dnia Mars był tu na niebie

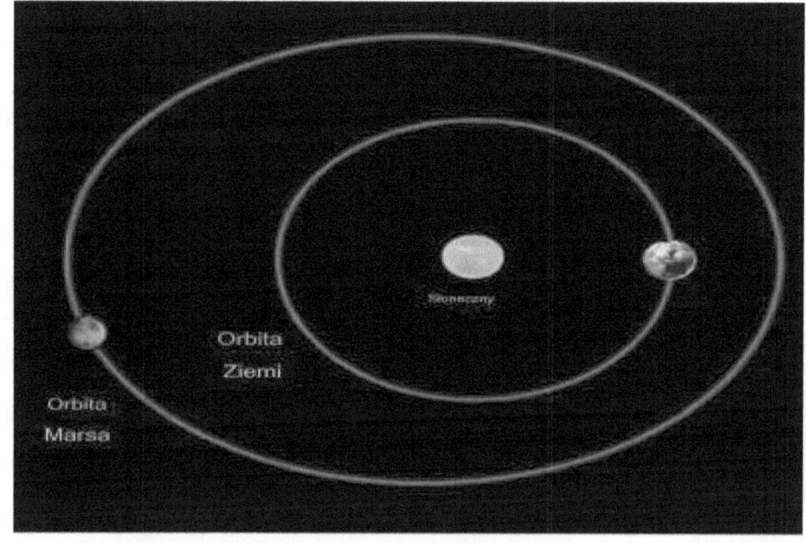

Przez wszystkie dni największych krachów i spadków na giełdach w historii indeksu Dow Jones Mars zawsze znajdował się w fazie orbitalnej oznaczonej z perspektywy Ziemi białą linią.

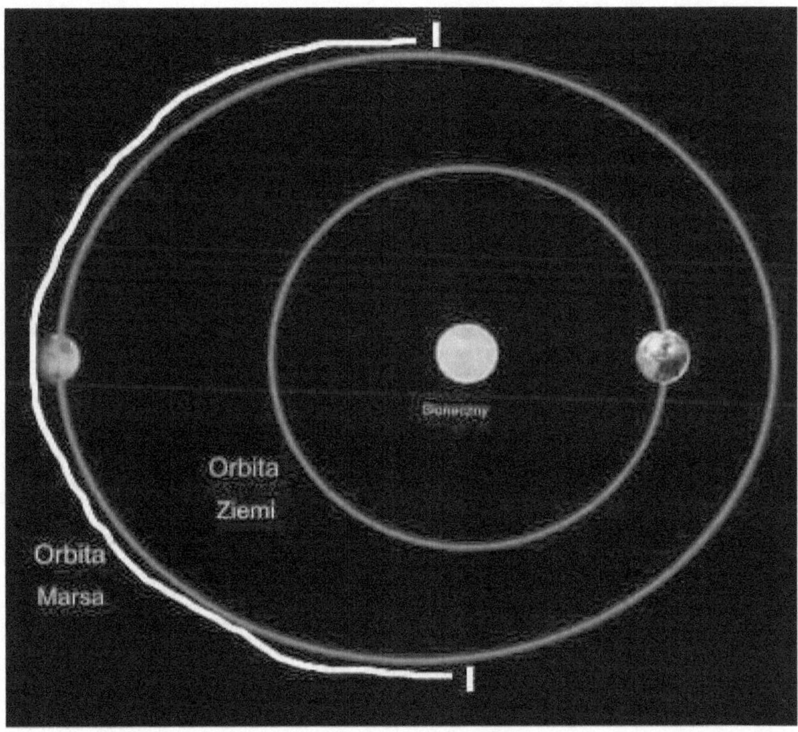

Dane te pokazują, że jeśli Mars będzie krążył wokół obszaru nieoznaczonego białą linią, nigdy nie dojdzie do poważnego krachu na giełdzie. Możemy to stwierdzić ze 100% pewnością.

Biały obszar to faza orbity, w której Mars oddala się od Ziemi, ale także wtedy, gdy jego grawitacja przechyla oś Ziemi w stronę Słońca, potencjalnie prowadząc do wyższych temperatur, co powinno mieć najbardziej negatywny wpływ na nastroje inwestorów, przy założeniu, że wyższa temperatury w porównaniu do średniej wpływają na funkcje poznawcze i wywołują pewnego rodzaju drażliwość lub pesymizm. Istnieją badania potwierdzające tę dynamikę pomiędzy wyższymi temperaturami a negatywnymi stanami nastroju.

Poza białym obszarem, gdy Mars zbliża się do Ziemi, jego grawitacja odsuwa oś Ziemi od Słońca, prawdopodobnie powodując niższe temperatury i mniej negatywnych skutków nastrojów, co może wyjaśniać, dlaczego na tym etapie orbity Marsa nigdy nie ma żadnych większych wydarzeń. nadchodzą awarie.
Procentowe zmiany indeksu Dow Jones w latach 1896–2023 skorelowane z fazą orbity Marsa.
Anthony z Bostonu

Przed analizą poniższych danych prosimy o zapoznanie się z tym dokumentem w celu uzyskania kontekstu
https://www.academia.edu/123648970

Poniżej znajdują się okresy, podczas których Mars znikał za Słońcem z ziemskiej perspektywy, a także zachowanie indeksu Dow Jones w tym czasie. Wszystkie 25 głównych krachów na giełdach miało miejsce, gdy Mars znajdował się gdzieś wzdłuż białej linii. Jest to zaznaczone w nawiasach w danych. Teoria głosi, że w fazie orbitalnej Marsa jego grawitacja przyciąga oś Ziemi w kierunku Słońca, zwiększając ocieplenie i negatywnie wpływając na nastroje inwestorów.

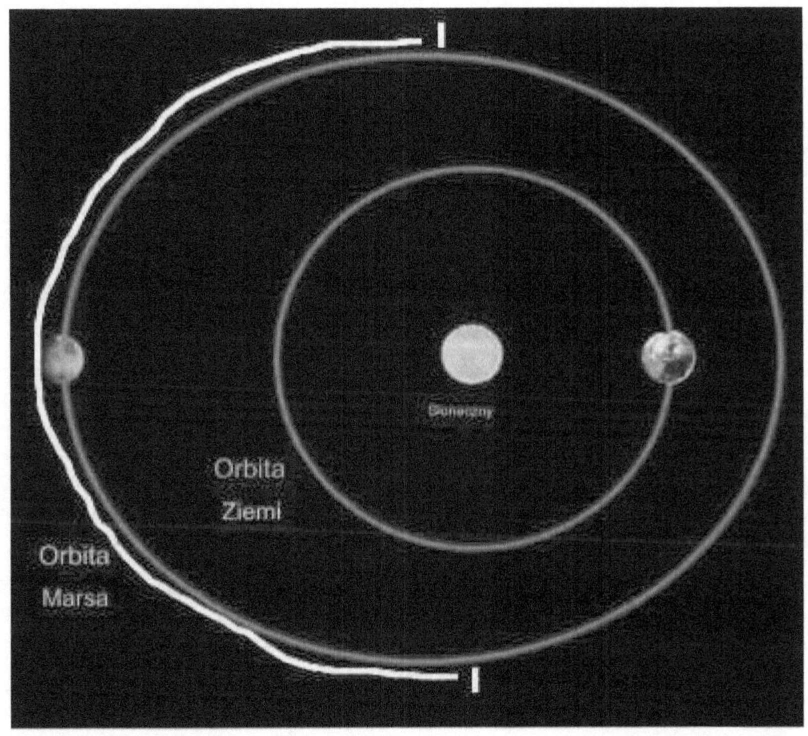

Od 15 lipca 1896 do 1 września 1896 Mars znajdował się za Słońcem. Dow Jones spadł o -3,46%

15 lutego 1897 - 18 października 1898 Mars znajdował się za Słońcem. Dow Jones wzrósł o +29%

24 marca 1899 - 15 listopada 1900 Mars znajdował się za Słońcem. Dow Jones spadł o -3,14%

(18 grudnia 1899, giełda spadła o -8,72%)

2 maja 1901 - 27 grudnia 1902 Mars znajdował się za Słońcem. Dow spadł -14,93%

9 czerwca 1903 - 26 stycznia 1905, Mars znajdował się za Słońcem, Dow wzrósł o +23%

1 sierpnia 1905 - 14 marca 1907, Mars znajdował się za Słońcem, Dow spadł o -4,84%

(14 marca 1907 r. giełda spadła o 8,29%)

14 października 1907 – 13 maja 1909 – Mars za słońcem, Dow wzrósł o +40%

18 grudnia 1909 – 8 sierpnia 1911 – Mars za słońcem, Dow spadł o 15,63%

27 stycznia 1912 – 4 października 1913 – Mars za słońcem, Dow spadł o -0,30%

11 marca 1914 – 9 listopada 1915 – Mars za słońcem, Dow wzrósł o +17,29%

(30 lipca 1914 r. giełda spadła o 6,91%)

18 kwietnia 1916 - 12 grudnia 1917 - Mars za słońcem, Dow spadł o -26,10%

(1 lutego 1917 r. giełda spadła o -7,24%)

22 maja 1918 – 14 stycznia 1920 – Mars za słońcem, Dow wzrósł o +23,54%

7 lipca 1920 - 19 lutego 1922 - Mars za słońcem, Dow spadł o 7,60%

15 września 1922 – 12 kwietnia 1924 – Mars za słońcem, Dow spadł o 8,78%

23 listopada 1924 – 10 lipca 1926 – Mars za słońcem, Dow wzrósł o +36%
16 stycznia 1927 – 15 września 1928 – Mars za słońcem, Dow wzrósł o 45%
1 marca 1929 – 27 października 1930 – Mars za słońcem, Dow spadł o 38%
(Kach na giełdzie 29 października 1929)
(Kach na giełdzie z 6 listopada 1929 r.)
28 marca 1931 – 30 listopada 1932 – Mars za słońcem, Dow spadł o 92,36%
(12 sierpnia 1932, giełda spadła o 8,4%)
(24 września 1931 r., giełda spadła o -7,07%)
(5 października 1932 r., giełda spadła o 7,15%)
(20 lipca 1932 r. giełda spadła o 7,07%)
3 maja 1933 – 1 stycznia 1935, Mars za słońcem, Dow wzrósł o +37%
(21 lipca 1933 r. giełda spadła o 7,84%)
16 czerwca 1935 - 3 lutego 1937, Mars za słońcem, Dow wzrósł o +47,67%
10 sierpnia 1937 - 22 marca 1939, Mars za słońcem, Dow spadł o -21,97%
(18 października 1937, giełda spadła o -7,75%)
25 października 1939 – 2 czerwca 1941 – Mars za słońcem, Dow spadł o 25,90%
31 grudnia 1942 – 28 sierpnia 1943 – Mars za słońcem, Dow wzrósł o +21,05%
13 lutego 1944 – 12 października 1945 – Mars za słońcem, Dow wzrósł o 32%
17 marca 1946 - 18 listopada 1947 - Mars za słońcem, Dow spadł - 4,61%
23 kwietnia 1948 – 18 grudnia 1949 – Mars za słońcem, Dow wzrósł o +8,78%
29 maja 1950 – 22 stycznia 1952 – Mars za słońcem, Dow wzrósł o +22,91%
16 lipca 1952 – 2 marca 1954 – Mars za słońcem, Dow wzrósł o +7,72%
1 października 1954 - 28 kwietnia 1956 - Mars za słońcem, Dow wzrósł o 36,53%
7 grudnia 1956 – 25 lipca 1958 – Mars za słońcem, Dow wzrósł o +2,42%
27 stycznia 1959 - 26 września 1960 - Mars za słońcem, Dow spadł o -1,68%
5 marca 1961 - 6 listopada 1962 - Mars za słońcem, Dow spadł o 7,97%
10 kwietnia 1963 – 6 grudnia 1964 – Mars za słońcem, Dow wzrósł o +21,51%
17 maja 1965 - 8 stycznia 1967 - Mars za słońcem, Dow spadł o -14,02%
26 czerwca 1967 – 14 lutego 1969 – Mars za słońcem, Dow wzrósł o +8,68%
24 sierpnia 1969 - 1 kwietnia 1971 - Mars za słońcem, Dow wzrósł o +9,19%
17 listopada 1971 – 20 czerwca 1973 – Mars za słońcem, Dow wzrósł o +8,88%
15 stycznia 1974 – 9 września 1975 – Mars za słońcem, Dow wzrósł o +2,03%
21 lutego 1976 - 20 października 1977 - Mars za słońcem, Dow spadł o -18,33%
29 marca 1978 - 23 listopada 1979 - Mars za słońcem, Dow spadł o 8,27%
1 maja 1980 – 24 grudnia 1981 – Mars za słońcem, Dow w górę +8,21%
9 czerwca 1982 – 30 stycznia 1984 – Mars za słońcem, Dow w górę +44%
1 sierpnia 1984 – 16 marca 1986 – Mars za słońcem, Dow w górę +49%
15 października 1986 – 19 maja 1988 – Mars za słońcem, Dow wzrósł o +16,03%
(19 października 1987, krach na giełdzie)
(26 października 1987, giełda spadła o 8,04%)
17 grudnia 1988 – 7 sierpnia 1990 – Mars za słońcem, Dow wzrósł o +24,76%
6 lutego 1991 – 5 października 1992 – Mars za słońcem, Dow wzrósł o +14,44%
12 marca 1993 – 10 listopada 1994 – Mars za słońcem, Dow wzrósł o +10,79%
21 kwietnia 1995 – 13 grudnia 1996 – Mars za słońcem, Dow w górę +40,92%
20 maja 1997 – 14 stycznia 1999 – Mars za słońcem, Dow wzrósł o +26,49%
(27 października 1997 r. giełda spadła o 7,18%)
8 lipca 1999 - 22 lutego 2001 - Mars za słońcem, Dow spadł o -3,20%
(14 kwietnia 2000 r. giełda spadła o 5,66%)
13 września 2001 – 18 kwietnia 2003 – Mars za słońcem, Dow spadł o 9,25%
(17 września 2001 r., giełda spadła o -7,13%)
1 grudnia 2003 - 12 lipca 2005 - Mars za słońcem, Dow w górę +8,13%

17 stycznia 2006 – 17 września 2007 – Mars za słońcem, Dow w górę +21,00%
27 lutego 2008 – 28 października 2009 – Mars za słońcem, Dow spadł o -16,66%
(15 października 2008 r. giełda spadła o -7,87%)
(29 września 2008 r. giełda spadła o -6,98%)
(9 października 2008 r. giełda spadła o -7,33%)
(1 grudnia 2008 r. giełda spadła o -7,70%)
5 kwietnia 2010 – 1 grudnia 2011 – Mars za słońcem, Dow w górę +12,35%
(8 sierpnia 2011 r. giełda spadła o -5,15%)
8 maja 2012 – 2 stycznia 2014 – Mars za słońcem, Dow w górę +24,46%
15 czerwca 2014 – 8 lutego 2016 – Mars za słońcem, Dow spadł o -2,81%
15 sierpnia 2016 – 23 marca 2018 – Mars za słońcem, Dow w górę +24%
4.11.2018 – 7.06.2020 – Mars za słońcem, Dow w górę +7,28%
(9, 12 i 16 marca 2020, krach na giełdzie)
1 stycznia 2021 – 27 sierpnia 2022 – Mars za słońcem, Dow wzrósł o +5,48%

Poniżej znajdują się okresy, w których Mars przechodził przed Słońcem, widziane z Ziemi, a także zachowanie indeksu Dow Jones w tym czasie. Kiedy Mars znajdował się gdzieś wzdłuż białej linii, nie miały miejsca żadne większe krachy na giełdzie (patrz poniżej). Jest to wskazane w danych. Teoria głosi, że podczas tej fazy orbity grawitacja Marsa odsuwa oś Ziemi od Słońca, zwiększając ochłodzenie i pozytywnie wpływając na nastroje inwestorów.

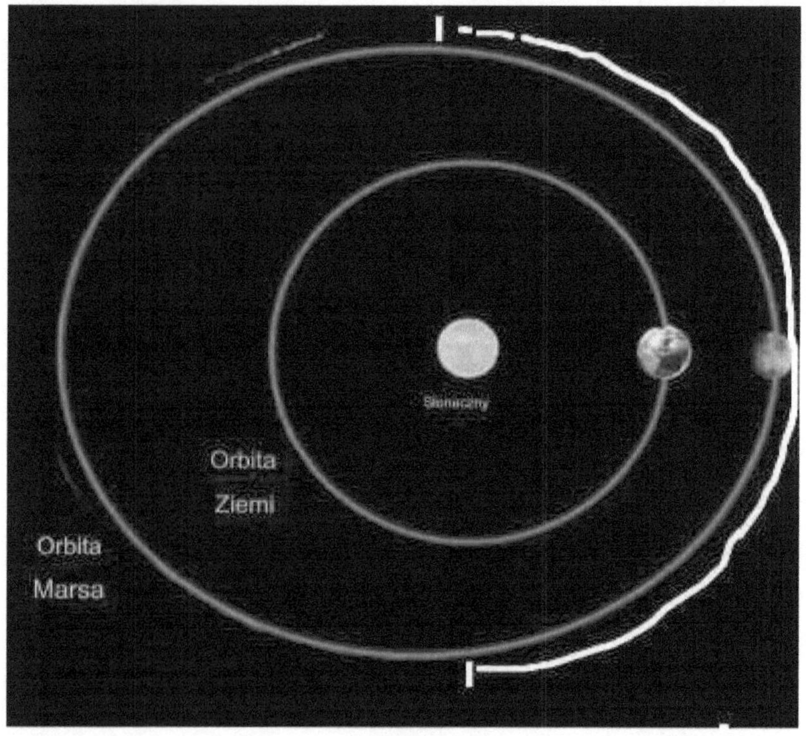

Od 2 września 1896 do 13 lutego 1897 Mars znajdował się przed Słońcem. Dow Jones wzrósł o +22%

19 października 1898 - 23 marca 1899, Mars przed słońcem, Dow Jones wzrósł o +32,90

16 listopada 1900 - 1 maja 1901 Mars znajdował się przed Słońcem. Dow Jones wzrósł o +13,49%

28 grudnia 1902 - 9 czerwca 1903, Mars znajdował się przed Słońcem, Dow spadł o -10,09%

27 stycznia 1905 - 31 lipca 1905, Mars znajdował się przed słońcem, indeks Dow Jones wzrósł o +16%

15 marca 1907 - 13 października 1907 - Mars przed Słońcem, Dow spadł o -18,70%

14 maja 1909 - 17 grudnia 1909 - Mars przed Słońcem, Dow wzrósł +8,23
9 sierpnia 1911 - 26 stycznia 1912 - Mars przed Słońcem, Dow spadł o -0,53%
5 października 1913 - 9 marca 1914 – Mars przed Słońcem, Dow wzrósł o +1,17%
10 listopada 1915 – 18 kwietnia 1916 – Mars przed Słońcem, Dow wzrósł o +0,04%
13 grudnia 1917 – 21 maja 1918 – Mars przed Słońcem, Dow wzrósł o +21%
15 stycznia 1920 - 6 lipca 1920 - Mars przed Słońcem, Dow spadł o -8,06%
20 lutego 1922 – 14 września 1922 – Mars przed Słońcem, Dow wzrósł o +18,33%
13 kwietnia 1924 – 22 listopada 1924 – Mars przed Słońcem, Dow wzrósł o 19,21%
11 lipca 1926 – 15 stycznia 1927 – Mars przed słońcem, Dow wzrósł o +0,47%
16 września 1928 - 28 lutego 1929 - Mars przed Słońcem. Dow wzrósł o +29%.
28 października 1930 - 27 marca 1931 - Mars przed Słońcem, Dow spadł o -7,81%
30 listopada 1932 – 2 maja 1933, Mars przed Słońcem, Dow wzrósł o +35%
2 stycznia 1935 - 15 czerwca 1935, Mars przed Słońcem, Dow wzrósł o +14,15%
4 lutego 1937 - 9 sierpnia 1937, Mars przed Słońcem, Dow spadł o -0,31%
23 marca 1939 – 24 października 1939 – Mars przed Słońcem, Dow wzrósł o +11,45%
3 czerwca 1941 - 30 grudnia 1941 - Mars przed Słońcem, Dow spadł o -3,81%
29 sierpnia 1943 - 12 lutego 1944 - Mars przed Słońcem, Dow spadł o -0,11%
13 października 1945 – 16 marca 1946 – Mars przed Słońcem, Dow wzrósł o +4,87%
19 listopada 1947 – 22 kwietnia 1948 – Mars przed Słońcem, Dow wzrósł o +0,91%
19 grudnia 1949 – 28 maja 1950 – Mars przed Słońcem, Dow wzrósł o +11,49%
23 stycznia 1952 – 15 lipca 1952 – Mars przed Słońcem, Dow wzrósł o +0,64%
3 marca 1954 – 1 października 1954 – Mars przed Słońcem, Dow wzrósł o 19,25%
29 kwietnia 1956 - 7 grudnia 1956 - Mars przed Słońcem, Dow spadł o -3,00%
26 lipca 1958 – 26 stycznia 1959 – Mars przed Słońcem, Dow wzrósł o +16,86%
27 września 1960 – 5 marca 1961 – Mars przed Słońcem, Dow wzrósł o +15,37%
7 listopada 1962 – 9 kwietnia 1963 – Mars przed słońcem, Dow wzrósł o +14,72%
7 grudnia 1964 – 16 maja 1965 – Mars przed Słońcem, Dow wzrósł o +7,70%
9 stycznia 1967 – 25 czerwca 1967 – Mars przed Słońcem, Dow wzrósł o +8,43%
15 lutego 1969 - 23 sierpnia 1969 - Mars przed Słońcem, Dow spadł o -12,54%
2 kwietnia 1971 - 16 listopada 1971 - Mars przed Słońcem, Dow spadł o -9,42%
21 czerwca 1973 - 14 stycznia 1974 - Mars przed Słońcem, Dow spadł o -3,98%
10 września 1975 – 20 lutego 1976 – Mars przed Słońcem, Dow wzrósł o +18,21%
21 października 1977 - 28 marca 1978 - Mars przed Słońcem, Dow spadł o -6,84%
24 listopada 1979 – 30 kwietnia 1980 – Mars przed Słońcem, Dow wzrósł o 1,17%
25 grudnia 1981 – 8 czerwca 1982 – Mars przed Słońcem, Dow spadł o -8,11%
1 lutego 1984 – 30 lipca 1984 – Mars przed Słońcem, Dow wzrósł o -9,10%
17 marca 1986 – 14 października 1986 – Mars przed słońcem, Dow wzrósł o +1,18%
20 maja 1988 – 16 grudnia 1988 – Mars przed Słońcem, Dow wzrósł o +10,03%
8 sierpnia 1990 – 5 lutego 1991 – Mars przed Słońcem, Dow wzrósł o +3,77%
6 października 1992 - 11 marca 1993 - Mars przed słońcem, Dow wzrósł o +8,58%
11 listopada 1994 – 20 kwietnia 1995 – Mars przed Słońcem, Dow wzrósł o +10,37%
14 grudnia 1996 – 19 maja 1997 – Mars przed Słońcem, Dow wzrósł o +14,24%
15 stycznia 1999 – 7 lipca 1999 – Mars przed Słońcem, Dow wzrósł o +21,08%
23 lutego 2001 - 12 września 2001 - Mars przed Słońcem, Dow spadł o -8%
19 kwietnia 2003 – 30 listopada 2003 – Mars przed Słońcem, Dow w górę +16%
13 lipca 2005 – 16 stycznia 2006 – Mars przed Słońcem, Dow w górę +4,30%
18 września 2007 – 26 lutego 2008 – Mars przed Słońcem, Dow spadł -4,71
29 października 2009 – 4 kwietnia 2010 – Mars przed Słońcem, Dow w górę +12,09%
2 grudnia 2011 r. – 7 maja 2012 r. – Mars przed Słońcem, Dow w górę +8,17%
3 stycznia 2014 – 14 czerwca 2014 – Mars przed Słońcem, Dow w górę +2,27%
9 lutego 2016 r. – 14 sierpnia 2016 r. – Mars przed Słońcem, Dow w górę +15,08%

24 marca 2018 r. – 3 listopada 2018 r. – Mars przed Słońcem, Dow wzrósł o +7,69%
8 czerwca 2020 – 31 grudnia 2020 – Mars na tle słońca, Dow wzrósł o +16,45%
28 sierpnia 2022 – 19 lutego 2023 – Mars przed Słońcem, Dow wzrósł o +4,78%

Sekcja III

Aby zapewnić odpowiedni kontekst temu, co pokazuje ten artykuł, należy wziąć pod uwagę niedawne badanie opublikowane w Nature Communications w marcu 2024 r., około 5 lat po pierwszym zaprezentowaniu tego pomysłu opinii publicznej. W badaniu opublikowanym w marcu 2024 r. naukowcy odkryli, że Mars wywiera siłę grawitacji na nachylenie Ziemi, wystawiając ją na wyższe temperatury i więcej światła słonecznego, a wszystko to w cyklu trwającym 2,4 miliona lat. Twierdzę, że prowadzi nas to do wiary, że nawet w krótszych skalach czasowych Mars w dalszym ciągu wywiera siłę grawitacyjną na nachylenie osi Ziemi wystarczającą do podniesienia temperatury, gdy Mars przemieszcza się za Słońcem, lub do obniżenia temperatury, gdy przemieszcza się przed Słońcem. Słońce z perspektywy Ziemi. Miałoby to wpływ na opady, gdyby inna dynamika wywołała zaburzenia temperatury sprzyjające opadom

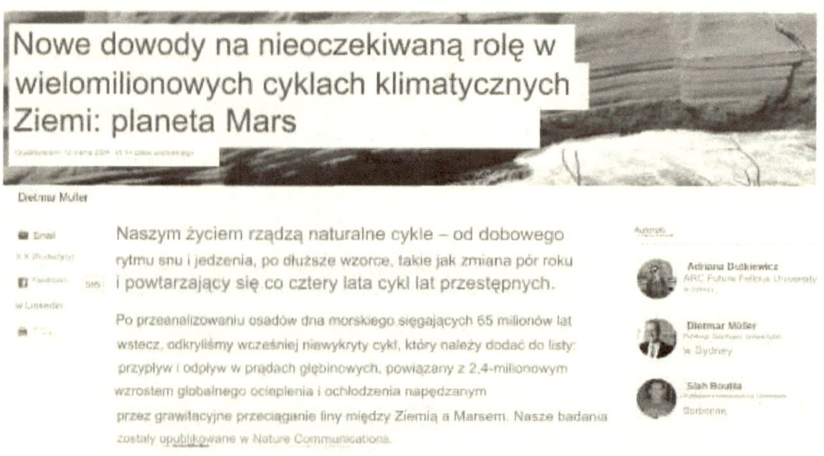

W 2014 roku dwóch naukowców z Uniwersytetu Waszyngtońskiego zbadało dane klimatyczne z 15 lat i odkryło, że liczba księżyców wpływa na opady. Tsubasa Kohyama i jego profesor John Wallace zbadali dane dotyczące opadów z 15 lat w latach 1998–2012 i odkryli,

że położenie Księżyca nad naszym punktem obserwacyjnym na Ziemi lub pod naszymi stopami zwiększa ciśnienie powietrza, co skutkuje wyższymi temperaturami i większym pochłanianiem wilgoci. wilgoć i mniej opadów. Chociaż efekt wyniósł tylko 1% wszystkich wahań opadów, dane były na tyle znaczące, że powiązały pozycję Księżyca z opadami. Teoretycznie opady powinny być większe o wschodzie lub zachodzie słońca z naszego punktu obserwacyjnego. Jednak badanie wykazało, że na południku Księżyc zmniejsza opady. Nauka leżąca u podstaw tego badania jest taka, że grawitacja Księżyca podnosi atmosferę ziemską wyżej i zwiększa ciśnienie powietrza. Kiedy tak się dzieje, powietrze pod spodem staje się cieplejsze i może pomieścić więcej wilgoci. To badanie pozwala nam wykorzystać pozycję Księżyca jako czynnik wyzwalający opady. Ponieważ zakładamy, że Księżyc ma stabilizujący wpływ na wahania Ziemi, możemy również wskazać, że położenie Księżyca względem Marsa ma tymczasowy wpływ na nachylenie osi Ziemi, wbrew przyciąganiu grawitacyjnemu Marsa. Jeśli Księżyc znajduje się w pozycji przeciwnej do Marsa, może to prowadzić do tymczasowego odsunięcia się temperatur od obecnego trendu, czemu sprzyja przyciąganie grawitacyjne Marsa na Ziemię.

AKTUALNOŚCI UW

ŚRODOWISKO | INFORMACJE PRASOWE | BADANIA | NAUKA

29 stycznia 2016

Siły pływowe Księżyca wpływają na ilość opadów deszczu na Ziemi

Hannah Hickey

Wiadomości UW

Gdy księżyc znajduje się wysoko na niebie, w atmosferze planety tworzą się wybrzuszenia, które powodują niezauważalne zmiany w ilości spadających poniżej opadów deszczu.

Nowe badania Uniwersytetu Waszyngtońskiego, które mają zostać opublikowane w czasopiśmie Geophysical Research Letters, pokazują, że siły księżycowe mają wpływ na ilość opadów deszczu, choć w niewielkim stopniu.

Dzięki nowemu zrozumieniu rotacji Marsa wokół Słońca i jego związku z wzorcami klimatycznymi Ziemi i zachowaniami ludzi możemy zacząć wyobrażać sobie, jak ta dynamika wpłynie na prognozowanie opadów. Podstawowym założeniem dotyczącym opadów jest to, że cieplejsze powietrze może zatrzymywać wilgoć/parę wodną do czasu nadejścia chłodniejszego powietrza i poddawania pary wodnej procesowi zwanemu kondensacją, podczas którego para wodna przekształca się w kropelki cieczy, zwane przez nas deszczem. Jeśli zrozumiemy, w jaki sposób Mars może stworzyć warunki dla deszczu, będziemy mogli znacznie efektywniej przewidywać opady. Wcześniej sądzono, że gdy Mars przemieszcza się za Słońcem z ziemskiej perspektywy, jego grawitacja na nachyleniu osi Ziemi może wystawić Ziemię na działanie większej ilości światła słonecznego i wyższych temperatur. Gdy Mars przechodzi przed Słońcem z ziemskiej perspektywy, jego grawitacja na nachyleniu osi Ziemi odciąga Ziemię od Słońca, co powinno skutkować mniejszą ilością światła słonecznego, mniejszym ciepłem i większym ochłodzeniem. Biorąc te aspekty pod uwagę, możemy zastosować tę dynamikę do pór roku, w których to się dzieje. Umożliwiłoby to przewidzenie, kiedy ciepłe powietrze zmiesza się z chłodniejszym i odwrotnie, tworząc warunki do wytrącania się wilgoci i przekształcania się w opady.

Oto przykład tego, co mam na myśli. Cieplejsze miesiące w roku kalendarzowym to wiosna i lato, które rozpoczynają się około 20 marca i trwają do 20 września. Jako stałą możemy założyć, że o tej porze roku w powietrzu jest więcej wilgoci i spada mniej opadów, chyba że zmienna marsjańska ma wpływ. Ponieważ Mars przemieszcza się w tym czasie za Słońcem, wystawiając Ziemię na więcej światła słonecznego i ciepła, można się spodziewać, że opadów będzie mniej, co pozwoli nam przewidzieć, że wiosna i lato będą w tym roku bardziej suche. Jeśli jest odwrotnie, gdy Mars porusza się przed Słońcem wiosną i latem, a nachylenie Ziemi jest skierowane na zewnątrz, wystawiając Ziemię na mniej światła słonecznego i większe ochłodzenie, to możemy spodziewać się większej ilości opadów na wiosnę i latem, ponieważ chłodniejsze powietrze utworzone przez tę konfigurację Marsa miesza się z cieplejszym powietrzem wiosennym i letnim, tworząc warunki do opadów.

Ta dynamika dotyczy również chłodniejszych miesięcy, jesieni i zimy pomiędzy 20 września a 20 marca · Kiedy Mars przemieszcza się zimą za Słońcem, cieplejsze powietrze miesza się z chłodniejszym, tworząc warunki do opadów. Kiedy w tym czasie Mars przesuwa się przed Słońcem, powstaje chłodniejsze powietrze, z mniejszym prawdopodobieństwem opadów.

Możemy również uznać Marsa znajdującego się wewnątrz 30 stopni od węzła księżycowego za czynnik, który może pogorszyć warunki opadów atmosferycznych poprzez wyciągnięcie i rozciągnięcie orbity Księżyca, przesuwając w ten sposób Księżyc dalej od Ziemi, co ma destabilizujący wpływ na wahania Ziemi.

Te ramy teoretyczne pozwalają nam ustalić warunki niezbędne do wywołania rzeczywistych opadów. Zakładanie okresu wyższych lub niższych opadów na podstawie położenia Marsa względem Ziemi i konkretnej pory roku nie zapewnia rzeczywistego mechanizmu, który mógłby wywołać opady. Musimy zatem wyobrazić sobie scenariusz, w którym w pewnym okresie czasu chłodniejsze i cieplejsze powietrze mieszają się. Załóżmy, że Mars przemieszcza się zimą za Słońcem, tworząc scenariusz cieplejszej zimy, ponieważ grawitacja Marsa wpływa w tym okresie na nachylenie osi Ziemi. W związku z tym możemy założyć, że w tym okresie będzie więcej deszczu niż śniegu. Jednakże nadal musimy interpolować scenariusz, w którym cieplejsze powietrze miesza się z chłodniejszym powietrzem. Jeśli ten scenariusz, w którym Mars przemieszcza się zimą za Słońcem, przewiduje cieplejszą zimę, wówczas należałoby wyjaśnić mechanizm, który napływa chłodniejsze powietrze, dzięki czemu o tej porze roku może padać deszcz. Możemy zatem wstawić schemat księżyca.

W 2014 roku dwóch naukowców z Uniwersytetu Waszyngtońskiego zbadało dane klimatyczne z 15 lat i odkryło, że liczba księżyców wpływa na opady. Tsubasa Kohyama i jego profesor John Wallace zbadali dane dotyczące opadów z 15 lat w latach 1998–2012 i odkryli, że położenie Księżyca nad naszym punktem obserwacyjnym na Ziemi lub pod naszymi stopami zwiększa ciśnienie powietrza, co skutkuje wyższymi temperaturami i większym pochłanianiem wilgoci. wilgoć i mniej opadów . Chociaż efekt wyniósł tylko 1%

wszystkich wahań opadów , dane były na tyle znaczące, że powiązały położenie Księżyca z opadami. Teoretycznie opady powinny być większe o wschodzie lub zachodzie słońca z naszego punktu obserwacyjnego. Jednak badanie wykazało, że na południku Księżyc zmniejsza opady. Nauka leżąca u podstaw tego badania jest taka, że grawitacja Księżyca podnosi atmosferę ziemską wyżej i zwiększa ciśnienie powietrza. Kiedy tak się dzieje, powietrze pod spodem staje się cieplejsze i może pomieścić więcej wilgoci. To badanie pozwala nam wykorzystać pozycję Księżyca jako czynnik wyzwalający opady.

Dodatkowo, ponieważ Księżyc działa stabilizująco na ruch Ziemi, możemy założyć, że położenie Księżyca względem Marsa ma tymczasowy, przeciwdziałający wpływ na przyciąganie grawitacyjne Marsa na nachylenie osi Ziemi. Jeśli Księżyc znajduje się w pozycji przeciwnej do Marsa, może to tymczasowo odsunąć temperatury od obecnego trendu, któremu sprzyja przyciąganie grawitacyjne Marsa na Ziemię. Jeśli mamy cieplejszą niż zwykle porę roku, ponieważ Mars przemieszcza się za Słońcem, a nachylenie Ziemi ciągnie się w stronę Słońca, możemy założyć, że gdy Księżyc znajduje się w pozycji przeciwnej do Marsa, ale znajduje się za Ziemią, jego grawitacja który odciąga nachylenie Ziemi od Słońca, spowoduje tymczasową zmianę temperatury , która stworzy warunki dla zmieszania się chłodniejszego powietrza z cieplejszym powietrzem i rozdzielenia pary wodnej, powodując wytrącanie się wody i przemianę w deszcz.

Oto ogólny pomysł, jak myśleć o tym scenariuszu jako o przyczynie deszczu.

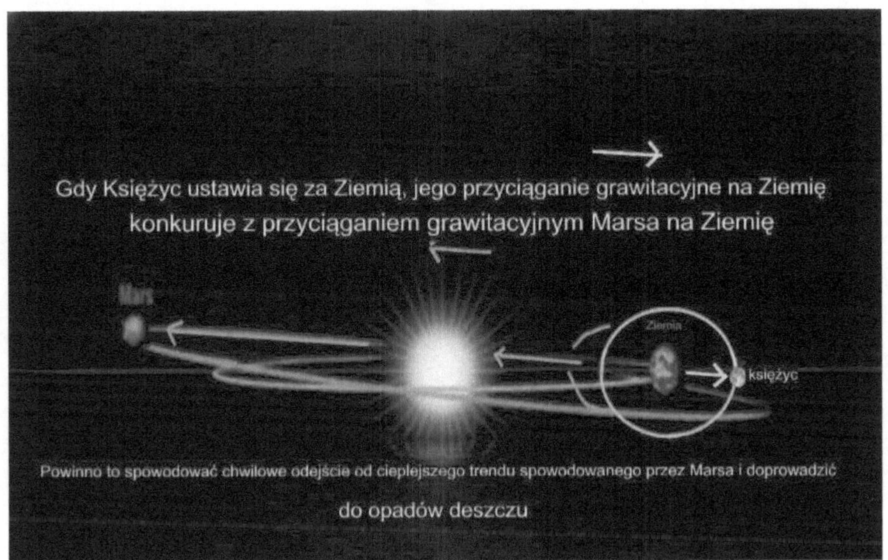

Na zdjęciu widzimy warunki, które mogą spowodować absorpcję wilgoci i pary wodnej podczas cieplejszego trendu, co później staje się opadami, gdy Księżyc przełamuje cieplejszy trend, próbując przeciwdziałać przyciąganiu grawitacyjnemu Marsa i nachyleniu Marsa, aby odsunąć Ziemię od słońca. Byłoby to tymczasowe i trwałoby 1–5 dni, ponieważ Księżyc okrąża Ziemię znacznie szybciej niż Mars okrąża Słońce.

Należy pamiętać, że istnieje wiele odmian tej dynamiki, które mogą wywołać deszcz. Na przykład, jeśli Mars porusza się przed Słońcem latem, powodując niższe niż przeciętne temperatury, ponieważ grawitacja Marsa odciąga oś Ziemi od Słońca, może to napotkać opór, gdy Księżyc porusza się przed Ziemią, co z kolei stwarza warunki do opadów, ponieważ grawitacja Księżyca na Ziemi przyciągająca Ziemię w stronę Słońca może zakłócić chłodniejszy trend. Ciepłe powietrze mieszałoby się z chłodniejszym, powodując rozbicie pary wodnej. Oto przykład obrazujący taki scenariusz.

Oto podstawowy przegląd warunków opadów

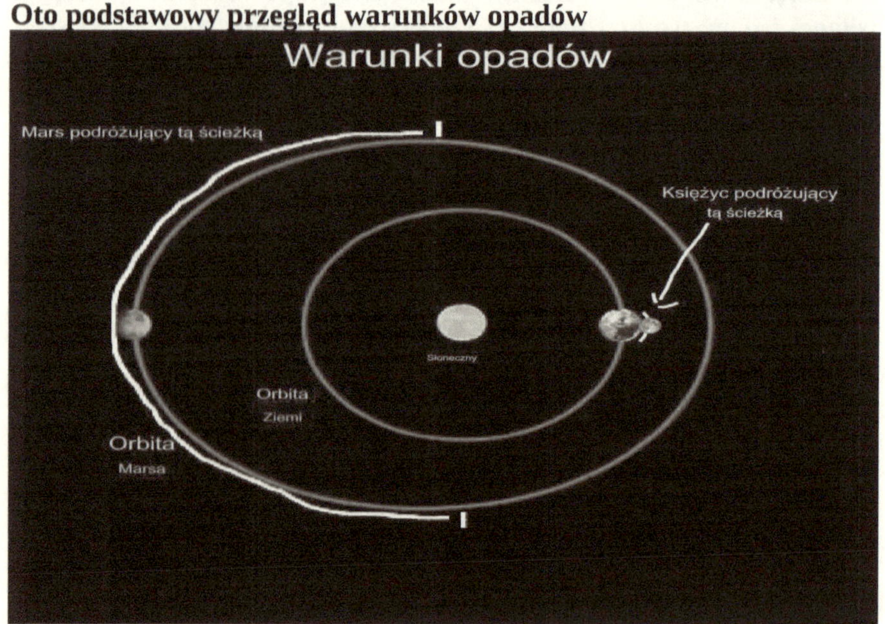

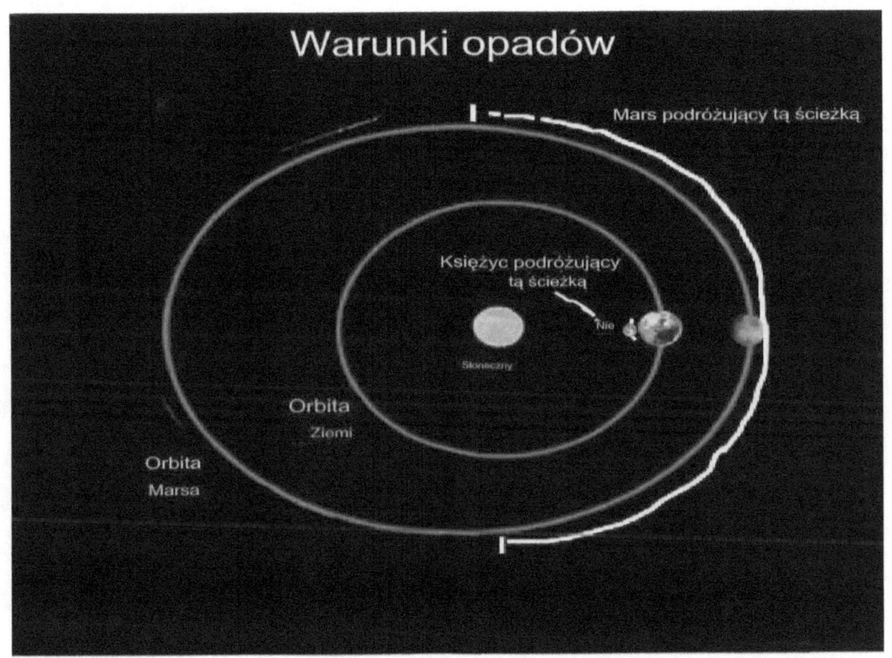

Te dwa pierwsze przykłady interpolują, w jaki sposób ta orientacja może sprzyjać deszczowi i izolują parametry, które mogą wywołać deszcz. Możemy teraz jeszcze bardziej zawęzić zakres obserwacji i wprowadzić założenie, że im bliższe położenie opozycji Księżyca i Marsa, tym większe prawdopodobieństwo wystąpienia ulewnych opadów. Zawęźmy teraz wymaganą ścieżkę Księżyca i Marsa.

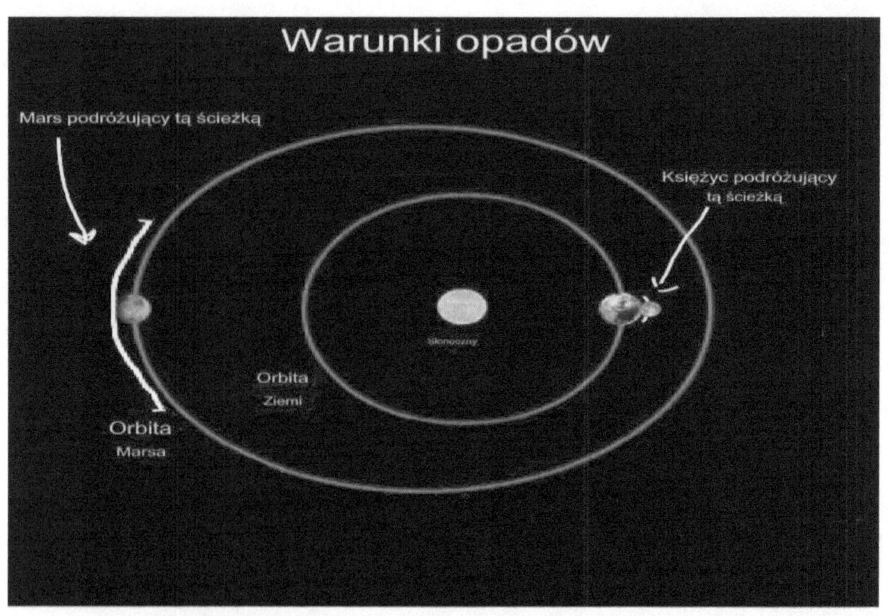

Warunki opadów
Mars podróżujący tą ścieżką
Księżyc podróżujący tą ścieżką
Słoneczny
Orbita Ziemi
Orbita Marsa

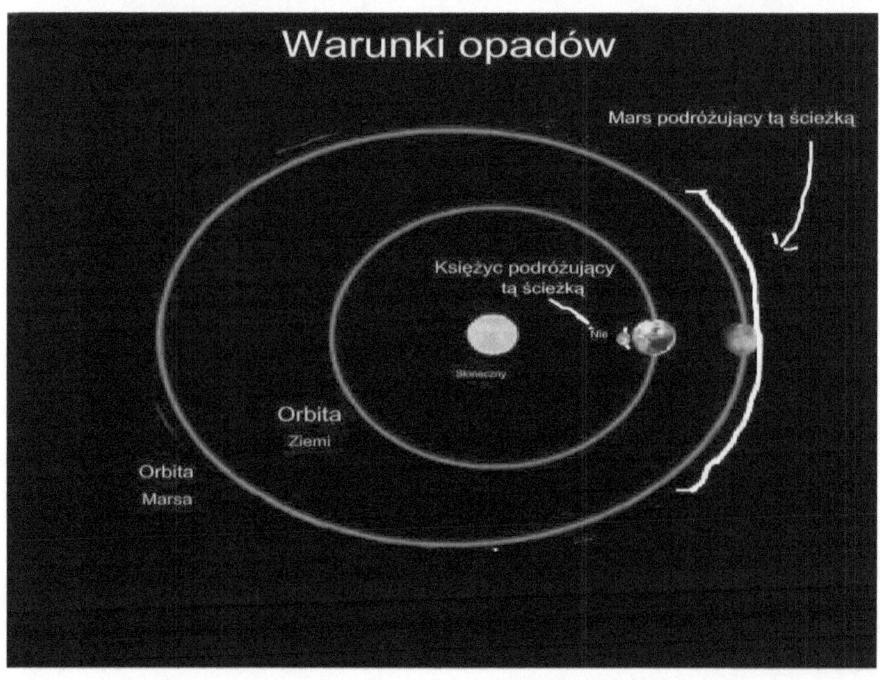

Warunki opadów
Mars podróżujący tą ścieżką
Księżyc podróżujący tą ścieżką
Nie
Słoneczny
Orbita Ziemi
Orbita Marsa

Kiedy już je zawęzimy, możemy przejść do dwóch pozostałych
wariantów, które można również zastosować w nauce o opadach
atmosferycznych i które obejmują bliską koniunkcję Księżyca i
Marsa. Jeśli Księżyc przejdzie przed Ziemią, podczas gdy Mars
przejdzie za Słońcem, oba ciała w połączeniu pociągną oś Ziemi w
kierunku Słońca, wystawiając Ziemię na więcej światła słonecznego i
ciepła. W tym przypadku możemy założyć, że wynikające z tego
wyższe temperatury mogą prowadzić do opadów, gdy ciepły front
miesza się z mniej cieplejszym powietrzem, co może prowadzić do
zaniku pary wodnej. Oto przykład takiej bliskiej koniunkcji.

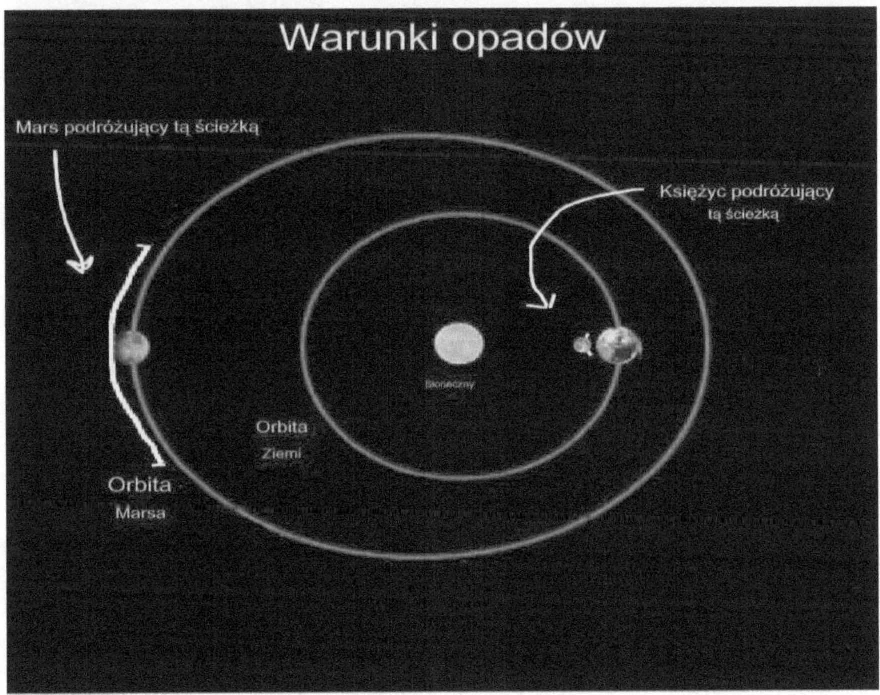

A teraz wizualna reprezentacja drugiej bliskiej koniunkcji Księżyca
z Marsem, gdzie Księżyc przemieszcza się za Ziemią, a Mars przed
Słońcem, w stosunku do położenia Ziemi. Obydwa ciała wywierałyby
siłę grawitacji na nachylenie Ziemi, odciągając ją od Słońca i
wystawiając ją na niższe temperatury. Jeśli powstałe temperatury
zimnego frontu zmieszają się z mniej chłodniejszym powietrzem,

para wodna i opady mogą się rozpaść. Oto wizualna reprezentacja tego scenariusza

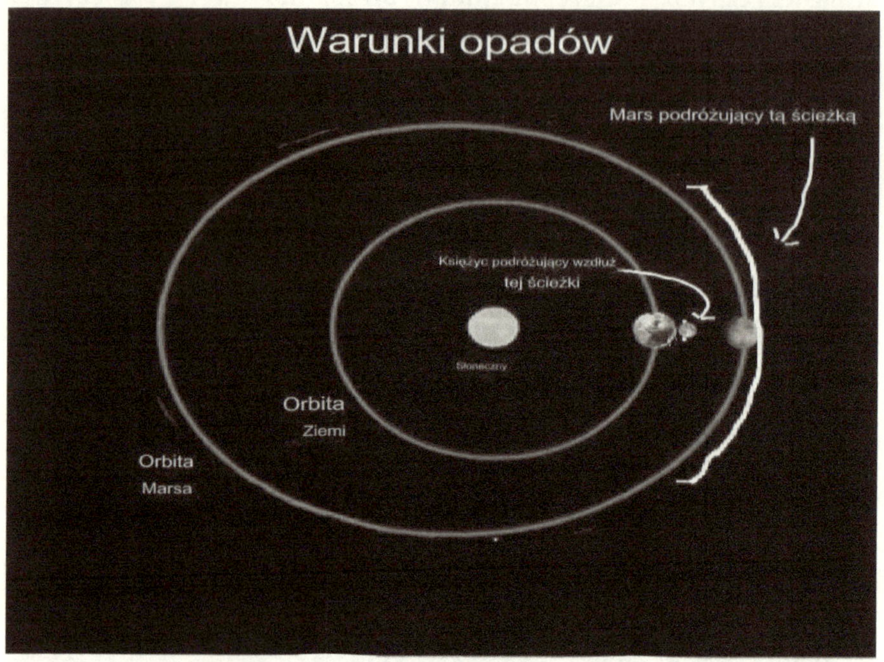

Jak dotąd opracowaliśmy ramy teoretyczne, które mogłyby pozwolić nam przewidzieć wahania temperatury powodujące opady deszczu, gdy grawitacja Marsa i Księżyca oddziałuje na Ziemię, przechylając oś Ziemi w stronę Słońca lub od niego. Ponieważ jednak w tym artykule omówiono ekstremalne zdarzenia pogodowe, takie jak te omówione w pierwszych dwóch sekcjach dotyczących ostrzału rakietowego ze Strefy Gazy i krachu na giełdzie, powinniśmy pozostać przy tym temacie i zbadać zdarzenia związane z ekstremalnymi opadami deszczu. Podobnie jak w przypadku eskalacji ataków rakietowych ze Strefy Gazy i krachów na giełdach, powinniśmy znaleźć podobny motyw, a mianowicie fakt, że Mars wewnątrz 30 stopni od węzła księżycowego jest czynnikiem wyzwalającym, który może wywołać ekstremalne opady deszczu. Mars wewnątrz 30 stopni od węzła księżycowego został wyjaśniony jako mechanizm, za pomocą którego planeta Mars wywiera grawitację na orbitę Księżyca, rozciągając ją tak, że stopniowo przesuwa orbitę Księżyca dalej od Ziemi, co ma destabilizujący wpływ na wahania miałby ruch Ziemi, co naraziłoby Ziemię na większe wahania temperatury. Jeśli zastosujemy tę dynamikę do zdarzeń pogodowych, możemy założyć, że scenariusz może spowodować duże wahania temperatury, które mogą spowodować kondensację pary wodnej pochłoniętej z powietrza i wywołać deszcz. Księżyc jest brany pod uwagę, ponieważ jest to składnik wywołujący krótkotrwałe wahania temperatury. Pamiętaj, że staramy się wyjaśnić ekstremalne zdarzenia pogodowe. Oto wizualna reprezentacja działania konfiguracji. Pierwszym przykładem są ekstremalne opady atmosferyczne na Bliskim Wschodzie, które miały miejsce w 1979 r. w dniach od 20 do 11 października 1979 r · do 23 października . Zginęło 50 osób, a 66 000 zostało dotkniętych. Spójrz na mapę i zwróć uwagę, że Mars znajdował się wewnątrz nie większej niż 30 stopni od węzła księżycowego i zastosowano powyższe współczynniki grawitacji. Mars również znajduje się za Słońcem w stosunku do Ziemi, więc prawdopodobnie była to cieplejsza zima.

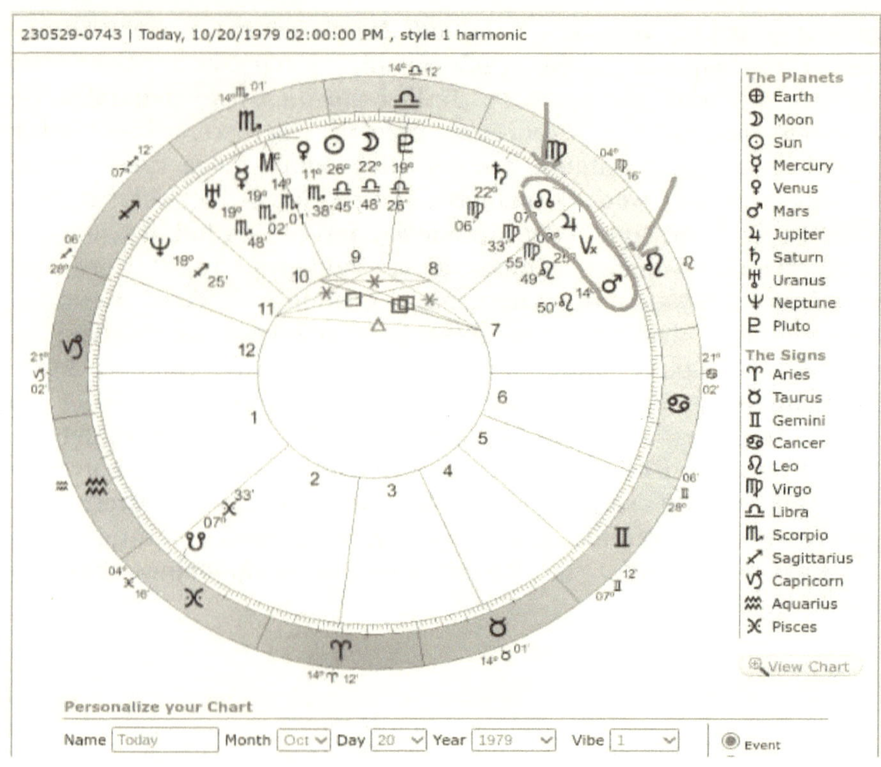

Zatem przyczyną zakłócenia był księżyc. Ale bądź ostrożny. Odkryłem wzór sugerujący, że ekstremalne opady atmosferyczne mogą być wywołane przez kąty proste między Marsem a Księżycem, gdy którakolwiek z mas znajduje się w promieniu 30 stopni od węzła księżycowego. Jeśli więc Mars znajduje się wewnątrz 30 stopni od węzła księżycowego, zaburzenie temperatury i odpowiadające mu opady zostaną wywołane, gdy Księżyc utworzy kąt prawie prosty do pozycji Marsa. Podobnie zaburzenie temperatury może zostać wywołane, gdy Księżyc znajdzie się wewnątrz nie większej niż 30 stopni od węzła księżycowego, kiedy Księżyc już się formuje pod kątem prawie prostym do Marsa. Tutaj dzieje się to pierwsze – Mars znajduje się wewnątrz 30 stopni od węzła księżycowego, podczas gdy księżyc znajdujący się pod kątem niemal prostym do Marsa powoduje zaburzenie temperatury potrzebne do ekstremalnych opadów. Oto wizualna reprezentacja

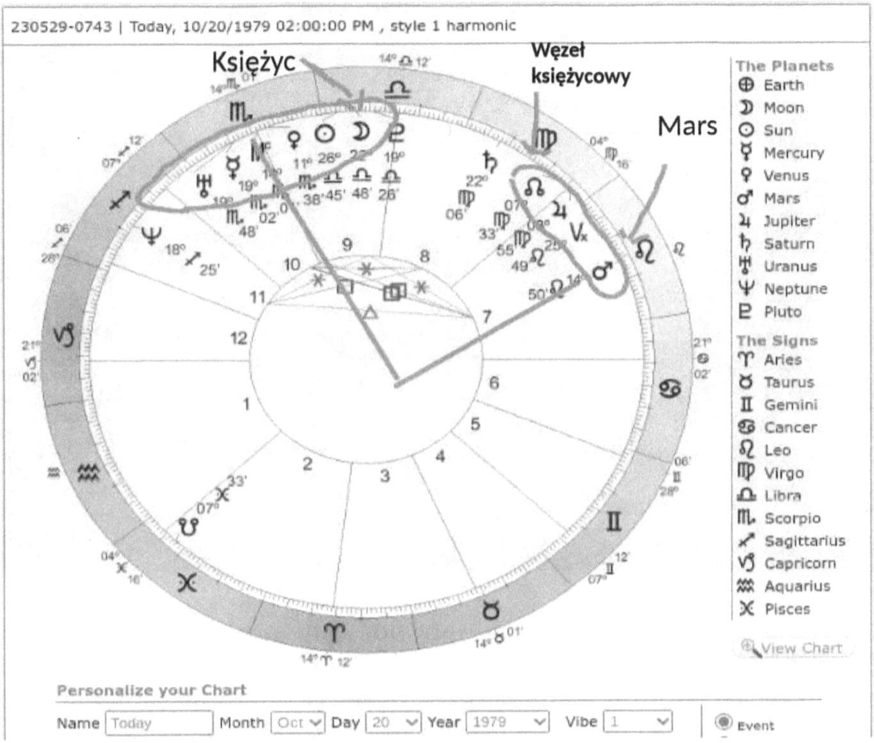

Tak pojawiła się ta konstelacja na niebie

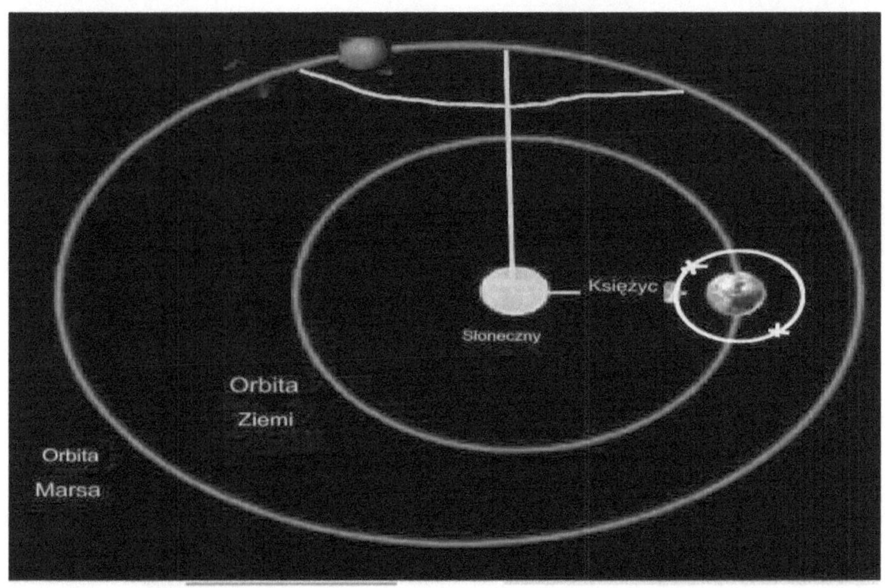

13 maja 1982 r. silna burza spowodowała powodzie na Bliskim Wschodzie. Oto schemat. Zauważ, że mamy podobną dynamikę jak na pierwszej grafice, ale tym razem Księżyc znajduje się wewnątrz nie większej niż 30 stopni od węzła księżycowego, tworząc kąt prawie prosty z Marsem.

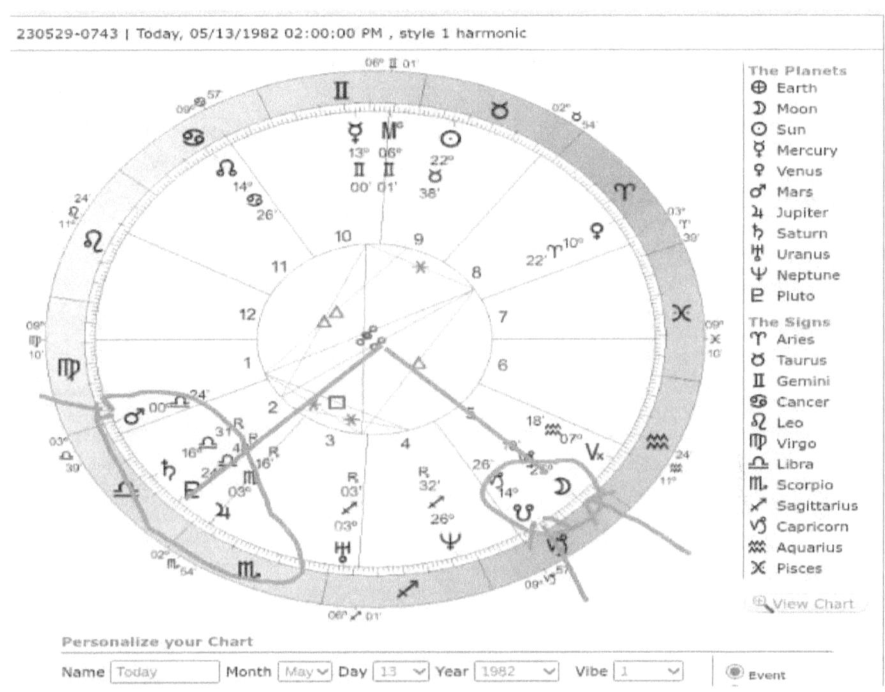

Tak wyglądała tego dnia konstelacja na niebie

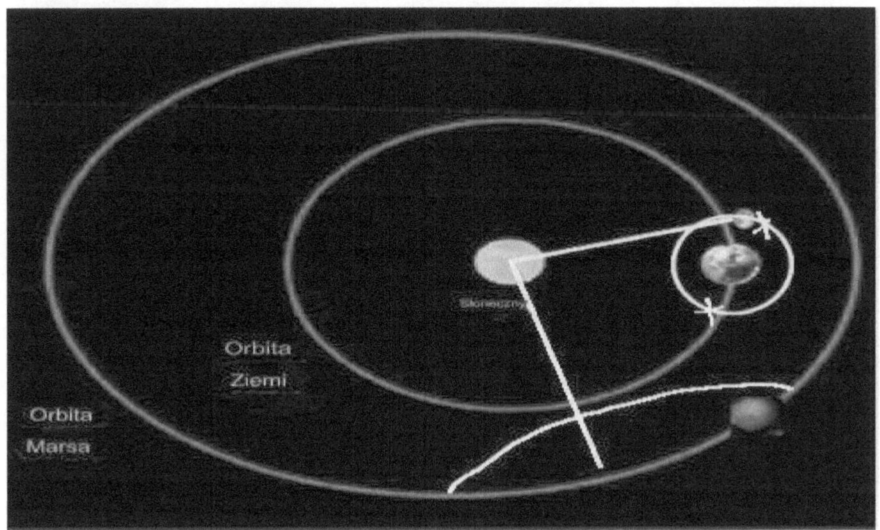

Zauważ, że Mars znajdował się w granicach punktu wyznaczającego kąt prosty pomiędzy konfiguracją Marsa i Księżyca.

Oto grafika przedstawiająca burzę, która miała miejsce 16 października 1987 r., która spowodowała powodzie w Egipcie i Jordanii i zabiła 39 osób.

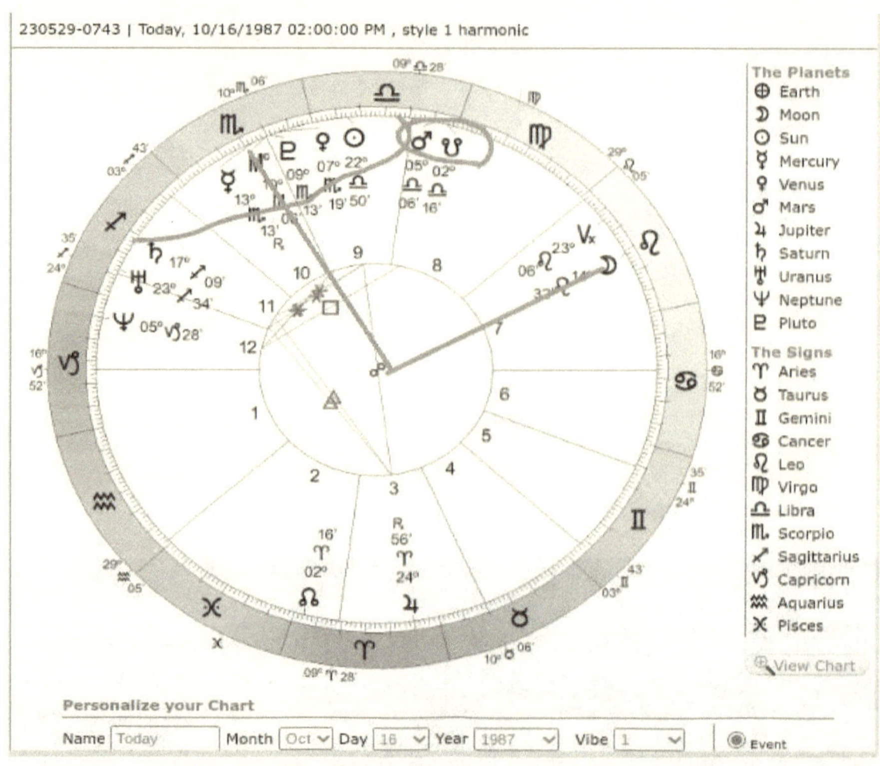

Mars znajduje się wewnątrz 30 stopni od węzła księżycowego i tworzy z Księżycem prawie kąt prosty, chociaż w momencie obliczania mapy był on nieco inny. Księżyc znajdowałby się w wyznaczonym obszarze kilka godzin wcześniej. Tak wyglądała konstelacja tego dnia na niebie

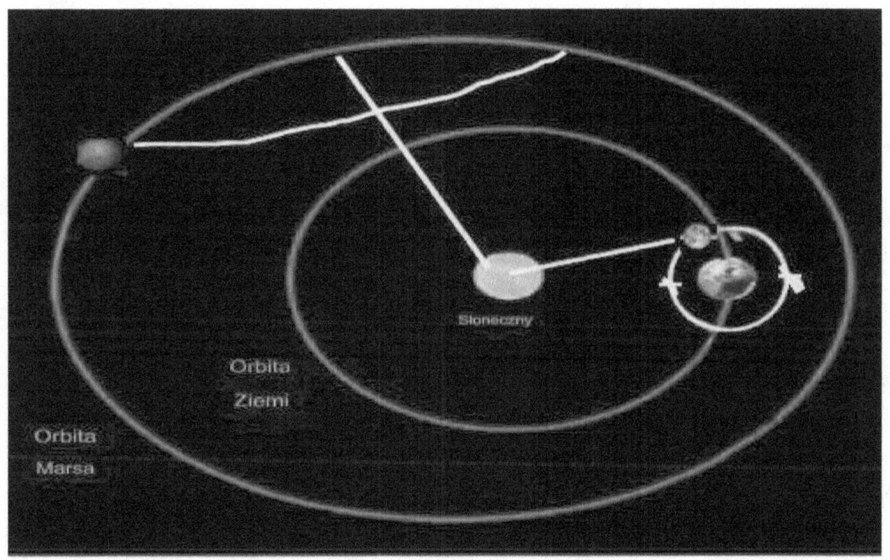

Inną datą, w której wystąpiły obfite opady deszczu w Egipcie, które spowodowały powódź, był 16 października 1988 r. Oto wykres astrologiczny pokazujący położenie Marsa, Księżyca i węzłów księżycowych. Po raz kolejny Mars znajdował się wewnątrz 30 stopni od węzła księżycowego i tworzył z Księżycem kąt prosty.

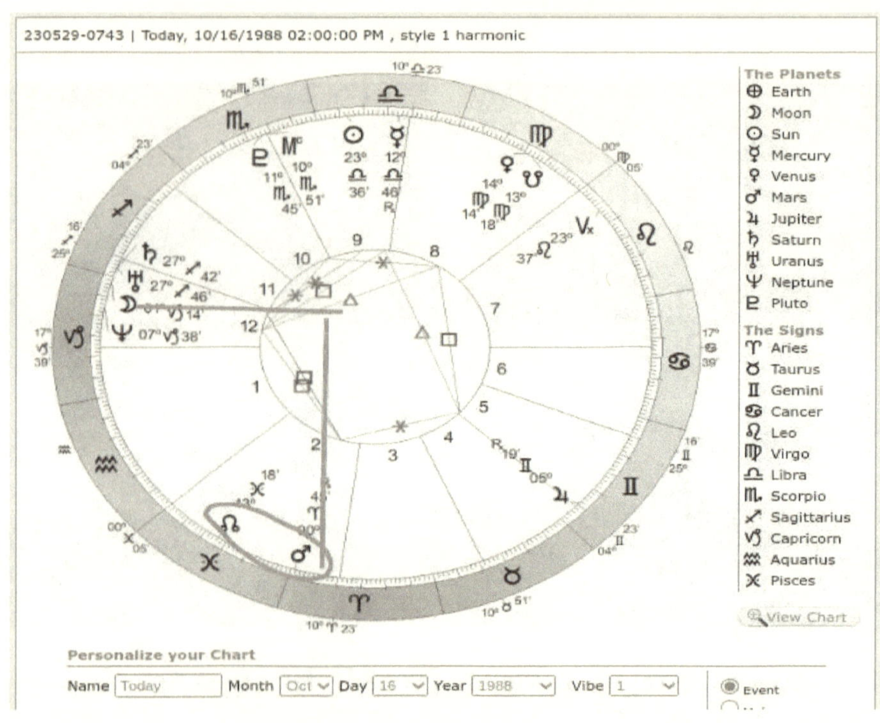

Tak wyglądała konstelacja tego dnia na niebie

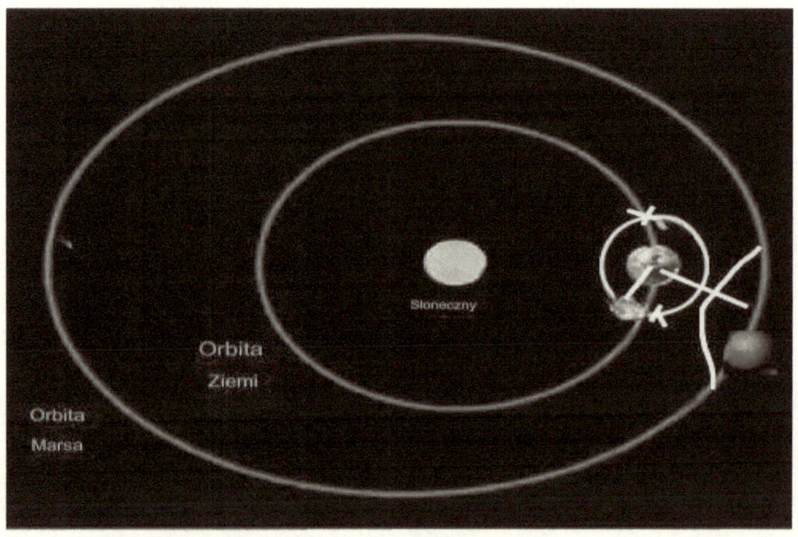

Na niebie konfiguracja tworzy kąt prosty

Inne duże opady atmosferyczne na Bliskim Wschodzie miały miejsce 12 października 1991 r. Tutaj Księżyc znajdował się wewnątrz 30 stopni od węzła księżycowego i tworzył kąt prawie prosty z Marsem

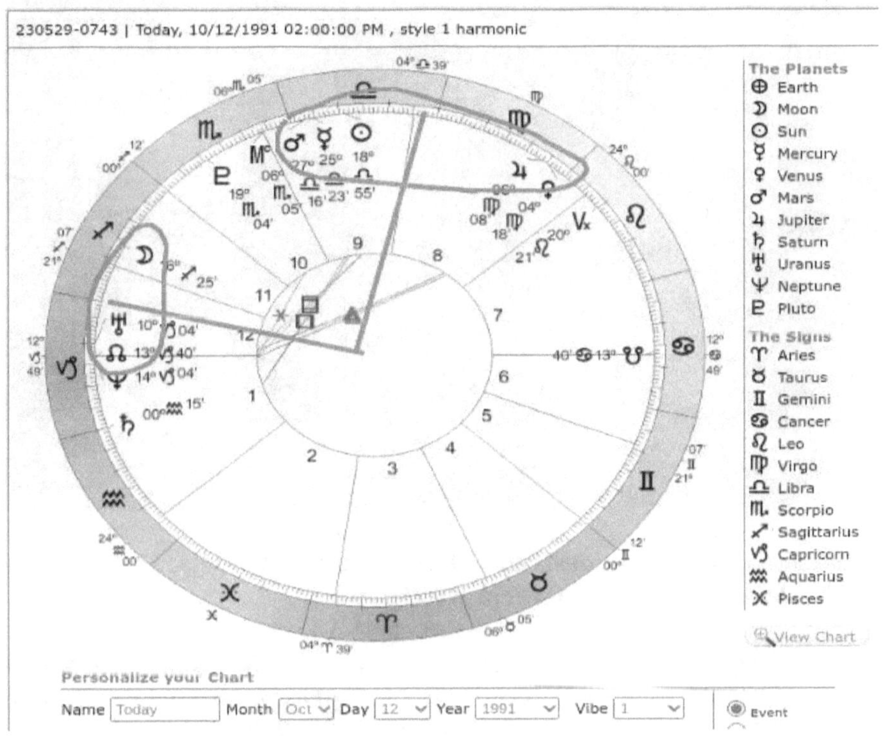

Tak konfiguracja wyglądała na niebie

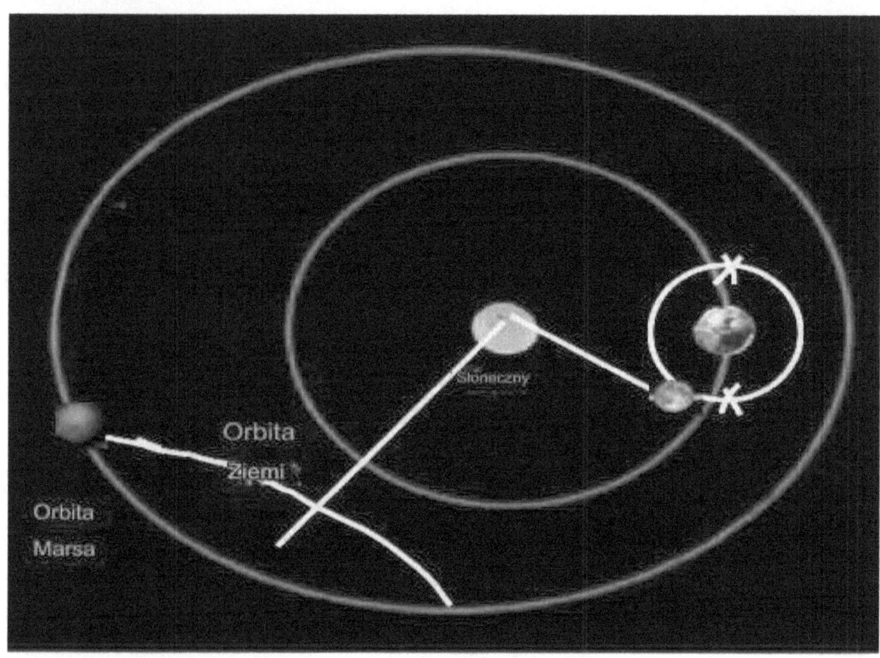

Następne duże opady deszczu w Lewancie miały miejsce 20 grudnia 1993 r. W tym okresie w Izraelu występowały

W astrologii Mars znajdował się wewnątrz 30 stopni od węzła księżycowego i tworzył z Księżycem kąt prosty, co wydaje się być typową konstelacją ekstremalnych zjawisk pogodowych.

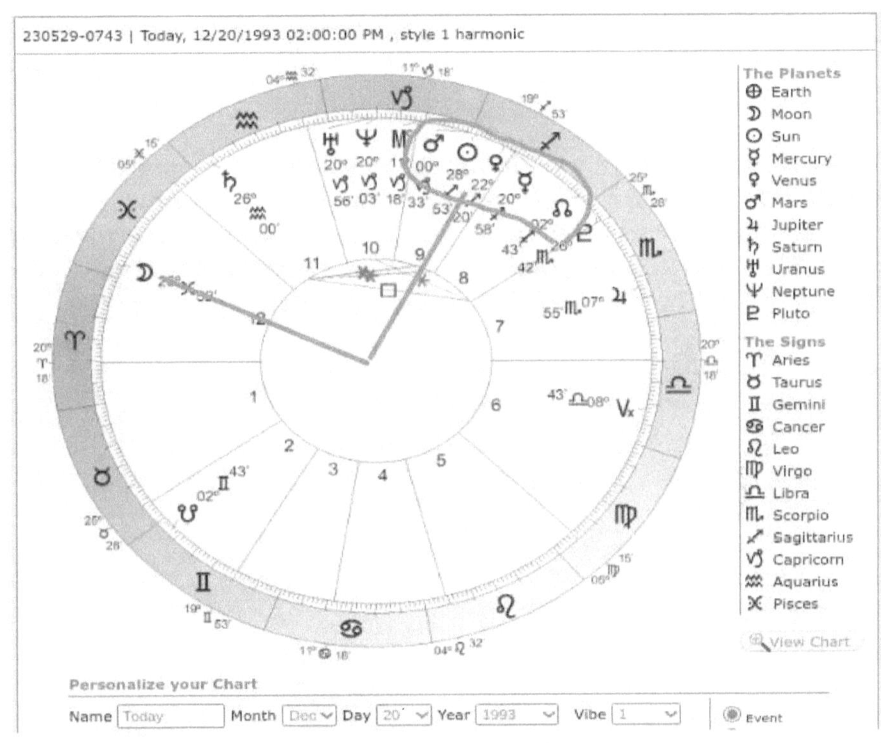

Tak wyglądała tego dnia konstelacja na niebie

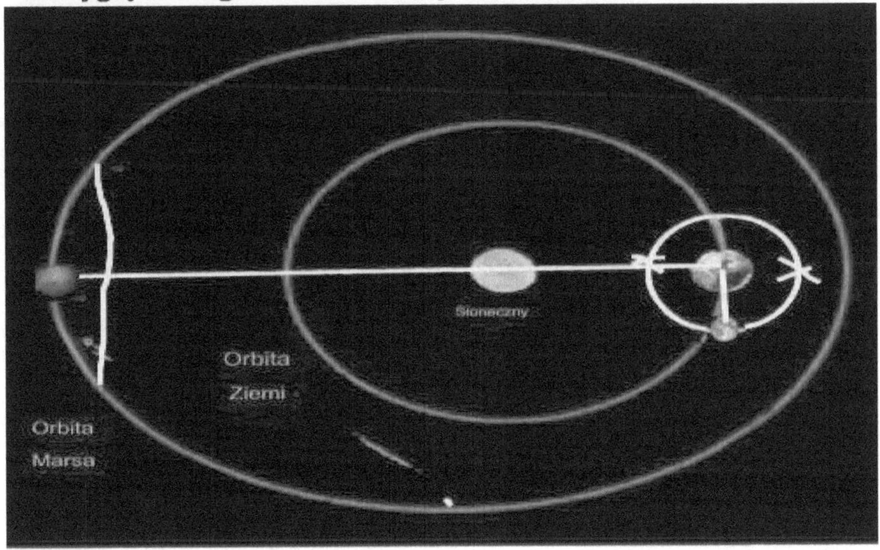

2 listopada 1994 r. Egipt nawiedziła ekstremalna powódź, w wyniku której zginęło 600 osób, dotknęło 160 000 ludzi i spowodowało szkody dla 140 milionów osób.

W tym czasie Księżyc znajdował się wewnątrz 30 stopni od węzła księżycowego i tworzył kąt prosty z Marsem. Zatem również tutaj widzimy ten wzór powszechny w przypadku ekstremalnych zdarzeń, gdzie Mars lub Księżyc znajdują się wewnątrz 30 stopni od węzła księżycowego i tworzą względem siebie kąt prosty.

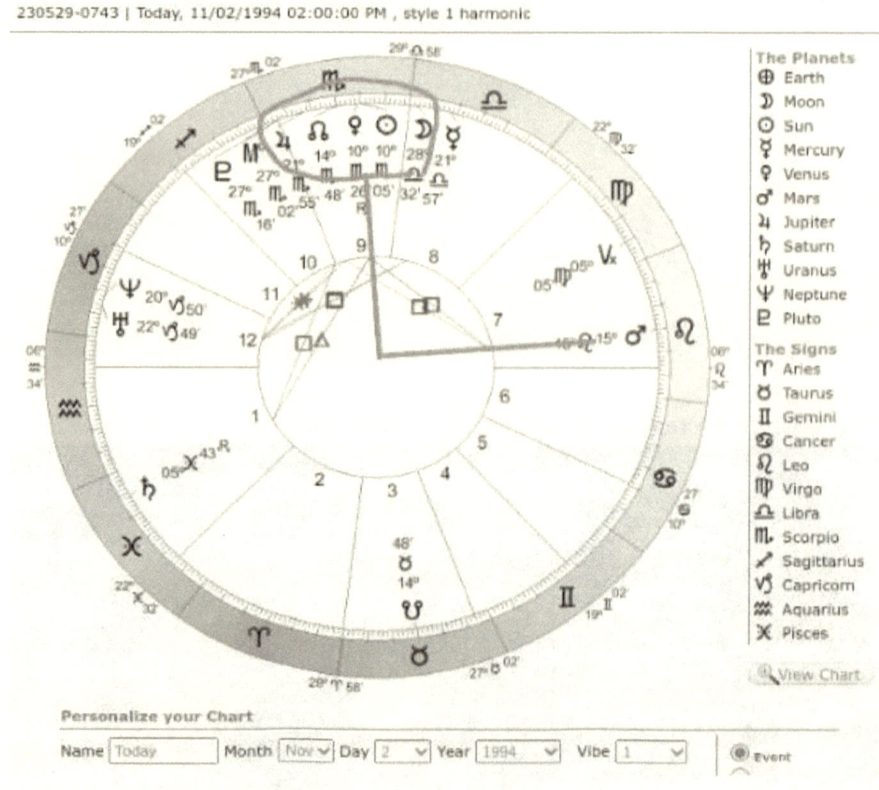

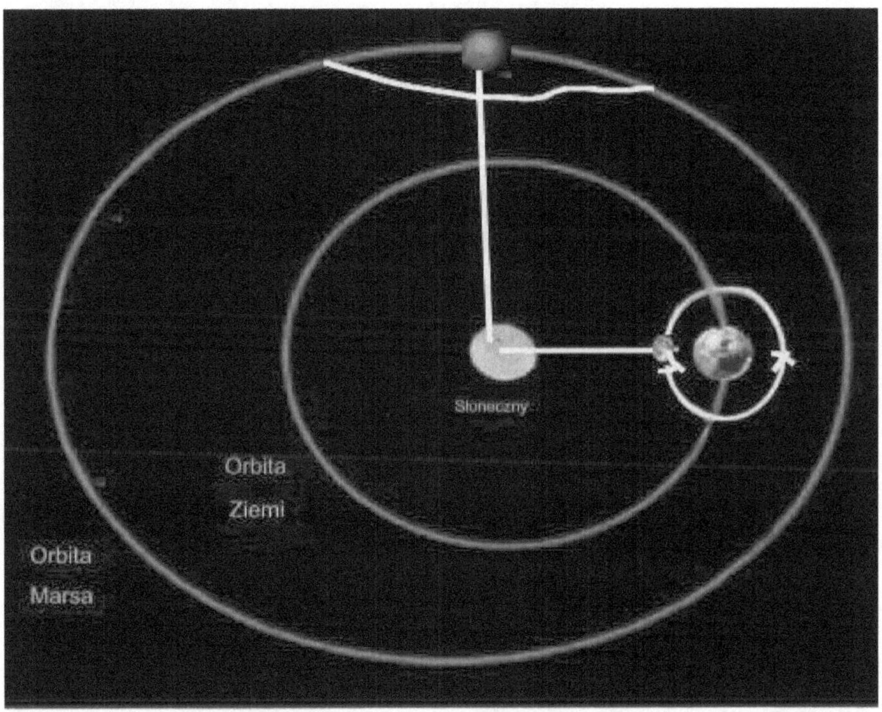

Od 13 do 18 listopada 1996 r. ulewne deszcze w Egipcie pochłonęły życie 12 osób i zatopiły 260 osób. Mars właśnie zaczął poruszać się w promieniu 30 stopni od węzła księżycowego i utworzył z Księżycem kąt prosty. Oto wykres astrologiczny

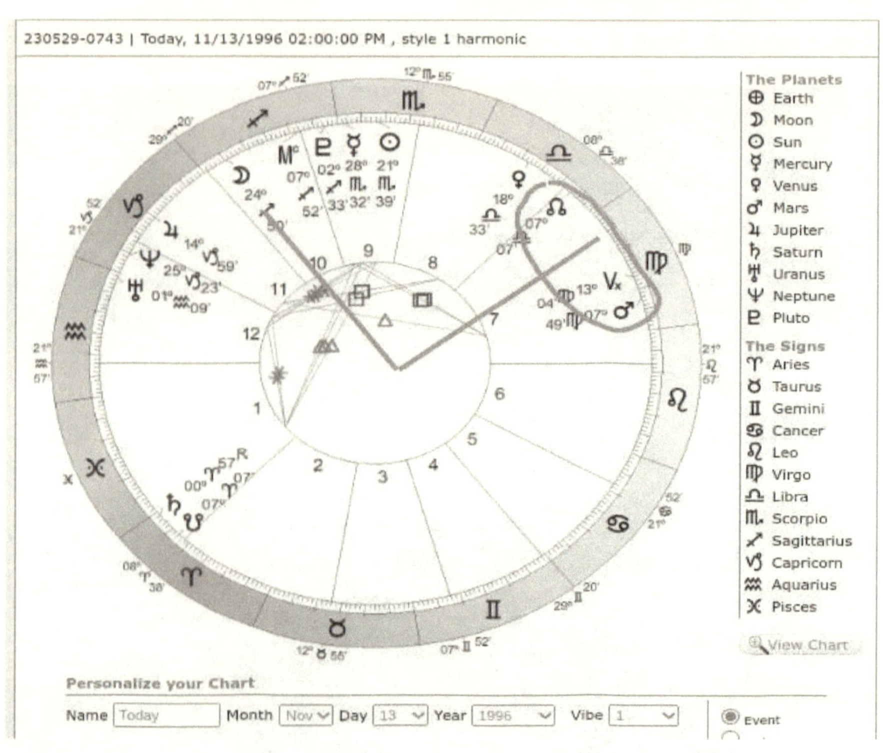

Tak wyglądała tego dnia konstelacja na niebie.

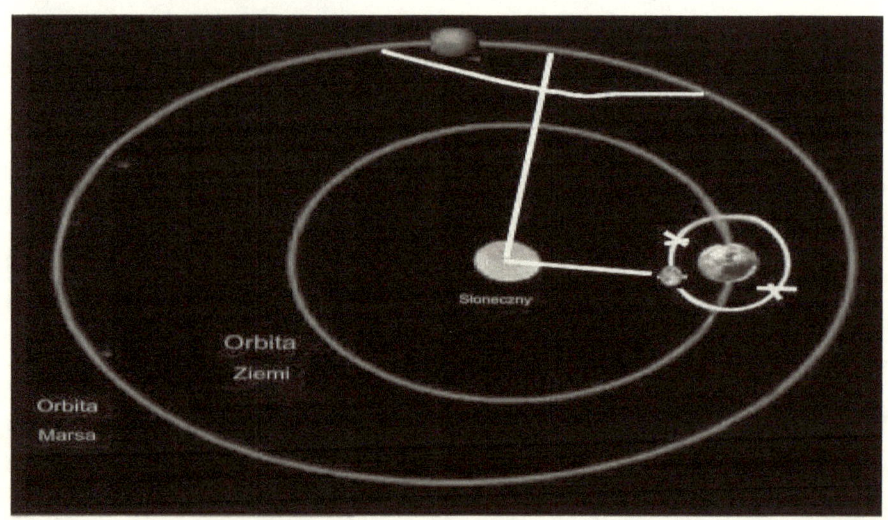

17 października 1997 r. Egipt, Izrael i Jordanię nawiedziły ulewne deszcze. W Izraelu, Egipcie i Jordanii zginęło 15 osób, a szkody wyniosły łącznie ponad 40 milionów dolarów. Oto wykres astrologiczny. Oto przykład, w którym ani Mars, ani Księżyc nie znajdowały się w promieniu 30 stopni od węzła księżycowego. Jest to przykład, w którym Księżyc i Mars znajdowały się w opozycji do siebie, a każde ciało było przyciągane przez nachylenie osi Ziemi, prawdopodobnie powodując zaburzenie temperatury. Jest to przykład dynamiki, którą można wykorzystać do przewidywania rutynowych opadów.

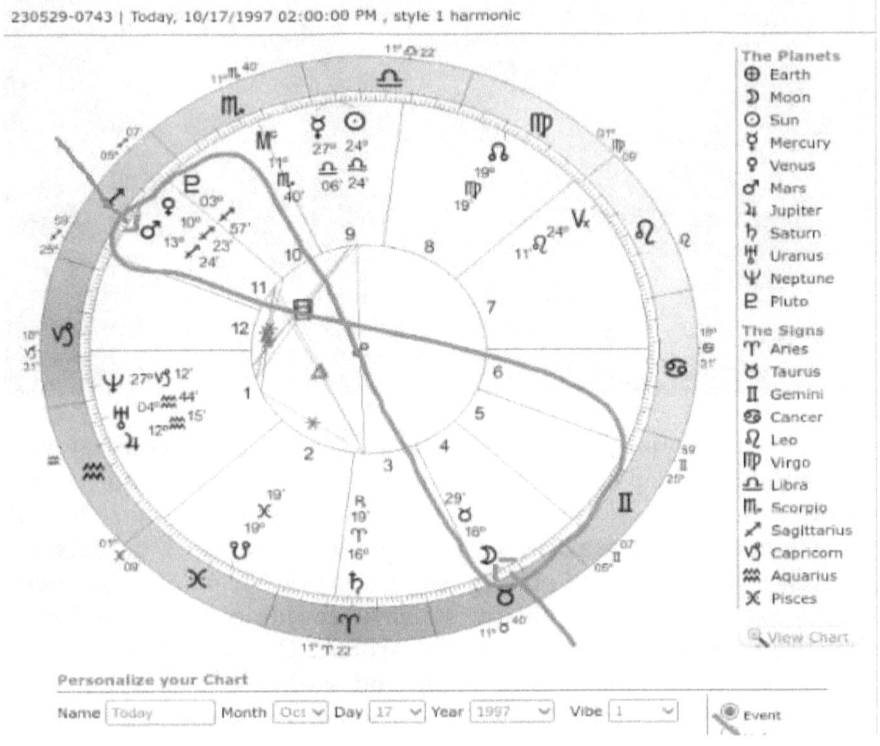

Tak pojawiła się ta konstelacja na niebie

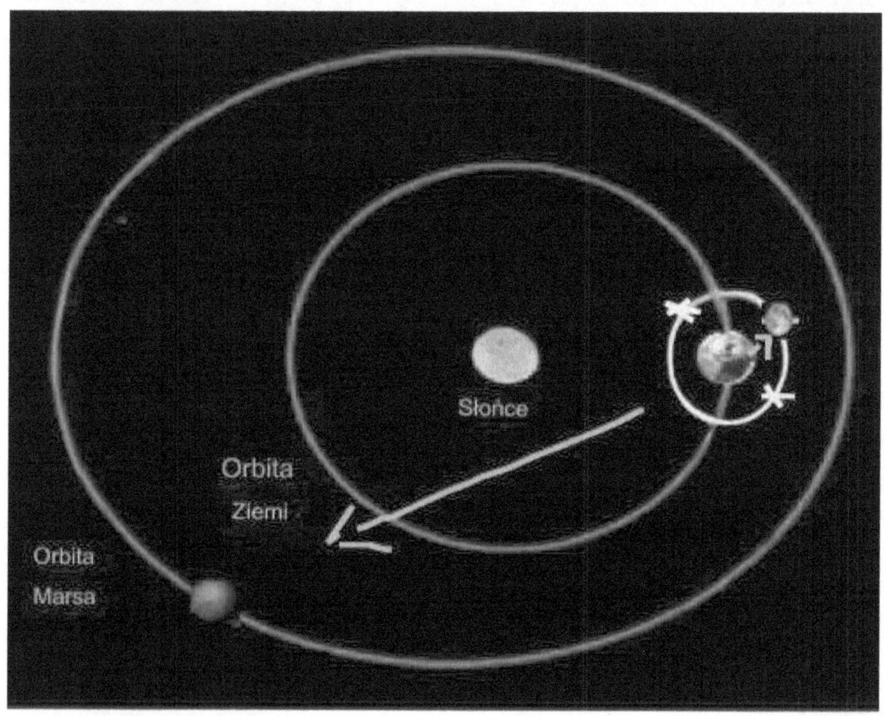

Najlepszym wyjaśnieniem, dlaczego Mars jest katalizatorem ekstremalnych opadów w promieniu 30 stopni od węzła księżycowego, a zatem pod kątem prostym do Księżyca, może być to, że ta konstelacja wskazuje, że Księżyc znajduje się w najdalszym punkcie swojej orbity od płaszczyzny ekliptyki. Nie należy tego mylić z apogeum i perygeum, kiedy Księżyc znajduje się odpowiednio najdalej i najbliżej Ziemi na swojej orbicie. Orbita Księżyca wokół Ziemi jest nachylona o pięć stopni od ekliptyki i spotyka się z ekliptyką tylko w węzłach Księżyca. Ale podczas perygeum (Księżyc najbliżej Ziemi) i apogeum (Księżyc najdalej od Ziemi) Księżyc znajduje się bardzo blisko węzłów księżycowych. W związku z tym musimy obserwować Księżyc względem płaszczyzny ekliptyki i wiedzieć, dlaczego jego bliskość do niego jest czynnikiem przyczyniającym się do zaburzeń temperatury i opadów. Możemy spodziewać się wahań temperatury, gdy Księżyc znajdzie się najdalej od płaszczyzny ekliptyki, gdy Mars zbliży się do węzłów księżycowych. Jest to wynikiem zmniejszającego się w tym czasie przyciągania grawitacyjnego Księżyca na Ziemię. Dzięki temu Mars może wywierać swoje przyciąganie grawitacyjne przy mniejszym oporze ze strony Księżyca. Może to spowodować napływ wilgoci, która natychmiastowo utworzy opady, gdy połączy się z chłodniejszym powietrzem, zakładając, że stanie się to zimą.

Następny wykres dotyczy daty 22 stycznia 2005 r. W dniach 22–27 stycznia ulewne deszcze na Bliskim Wschodzie pochłonęły życie 29 osób. Oto schemat. Mars i Księżyc są w opozycji

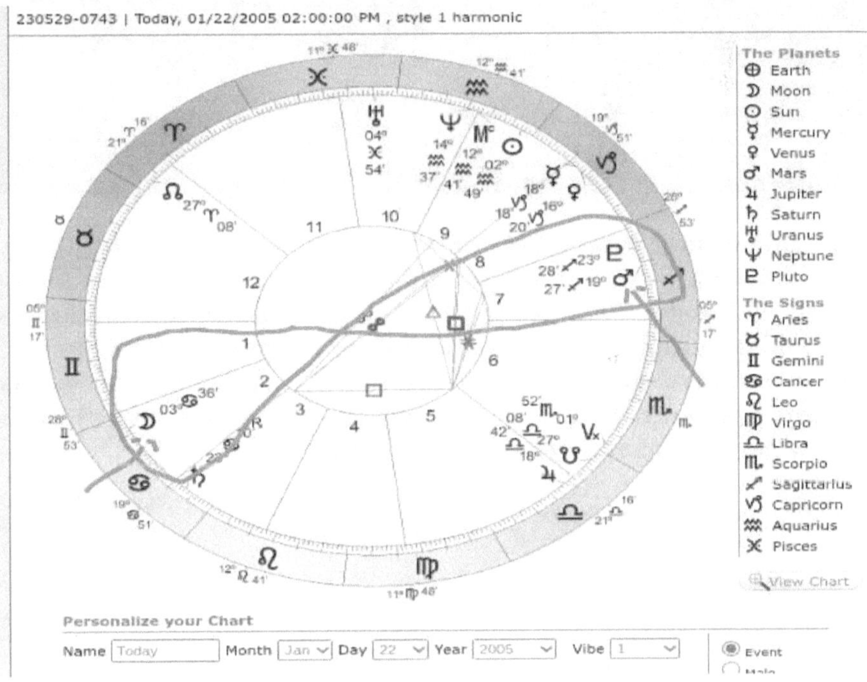

Tak pojawiła się ta konstelacja na niebie

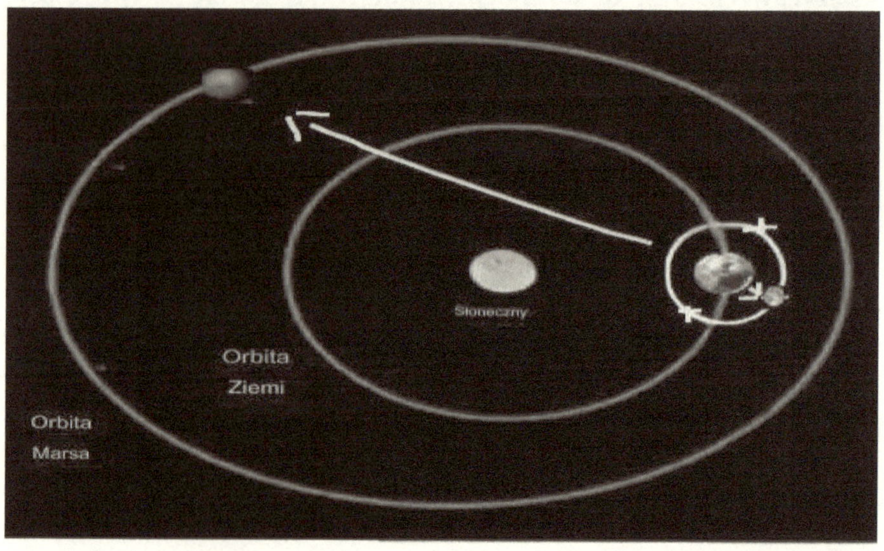

Następny wykres przedstawia datę 25 listopada 2009 r., dzień, który spowodował masową powódź w Arabii Saudyjskiej, w wyniku której zginęły 122 osoby. Dotknęło to 10 000 osób, a szkody oszacowano na 900 milionów dolarów. Mars znajduje się wewnątrz 30 stopni od węzła księżycowego, ale Księżyc nie tworzy kąta oczekiwanego dla takiego zdarzenia. Księżyc sprzeciwia się Marsowi i ma odwrotny wpływ na przyciąganie grawitacyjne Marsa.

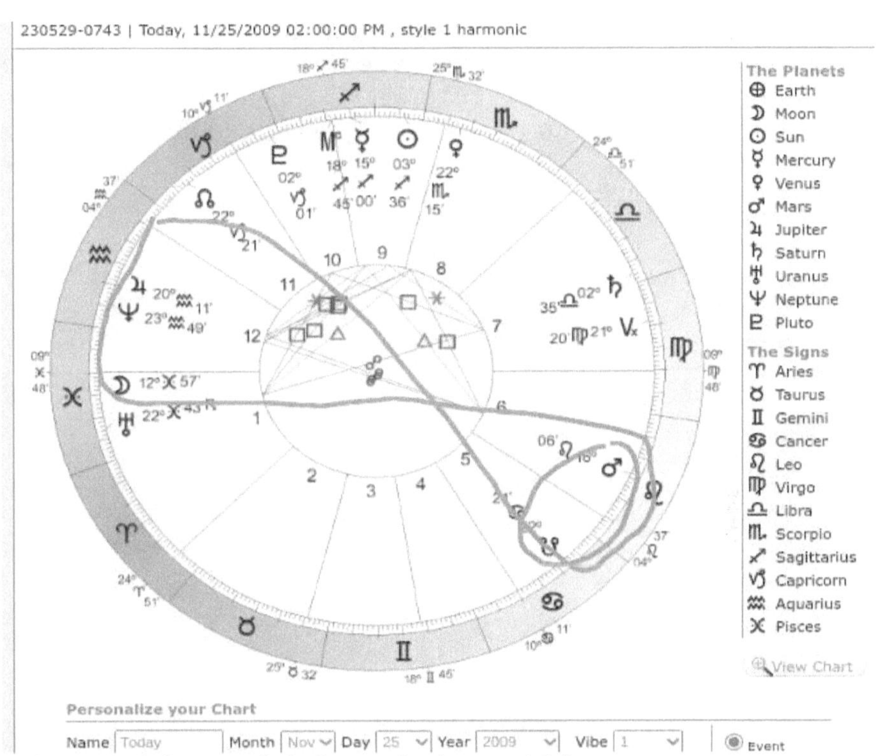

Tak wyglądała tego dnia konstelacja na niebie

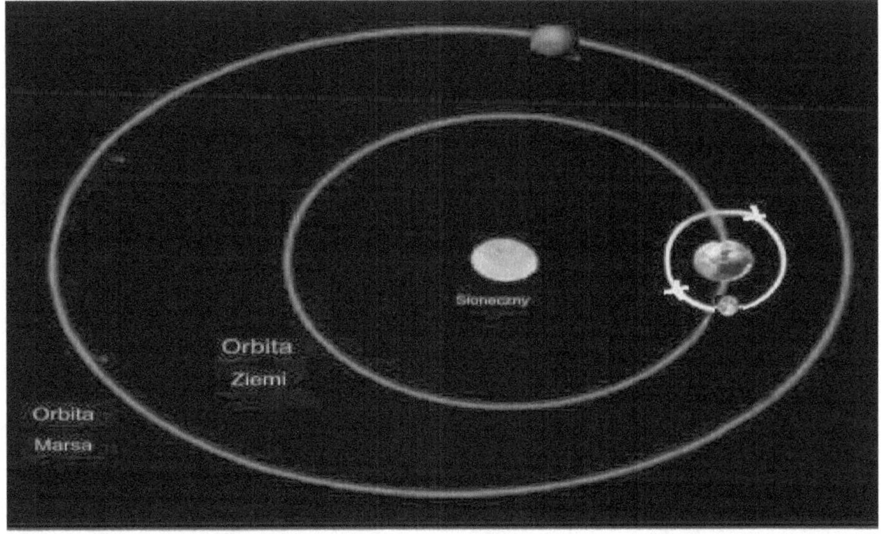

To jest mapa z 2 maja 2013 r., kiedy deszcze i powodzie na Bliskim Wschodzie pochłonęły życie 20 osób. Ta mapa pokazuje Marsa wewnątrz 30 stopni od węzła księżycowego, który tworzy z Księżycem kąt prosty.

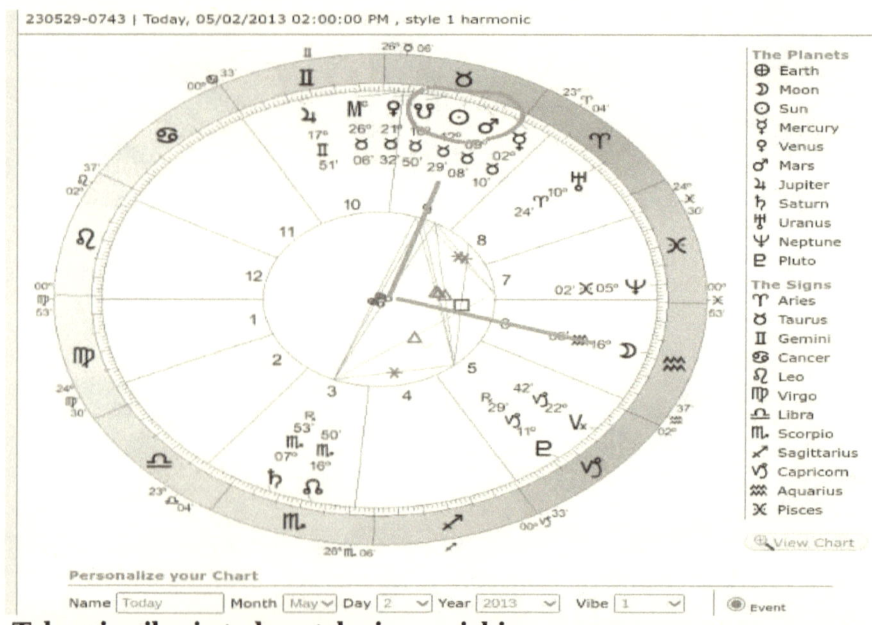

Tak pojawiła się ta konstelacja na niebie

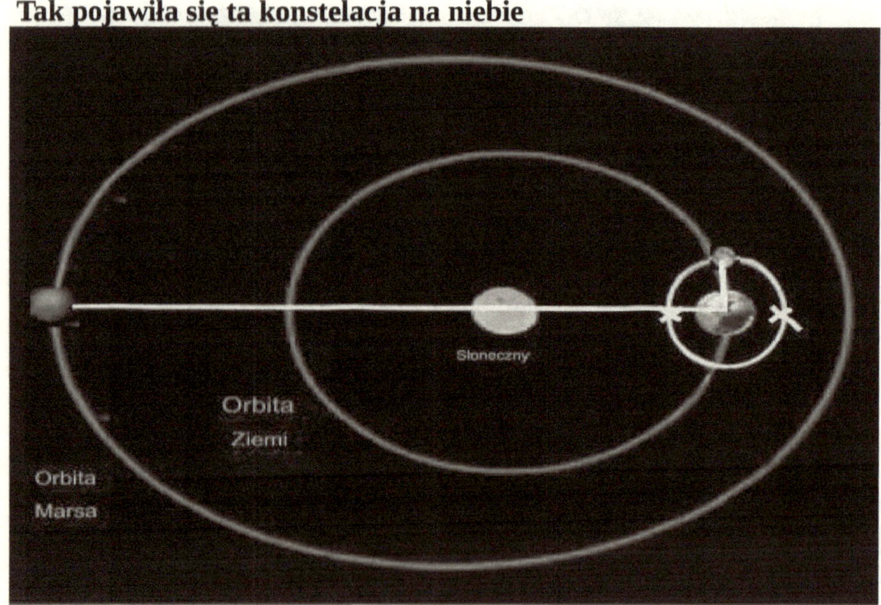

94

Na 7 z 12 wymienionych map obfitych opadów na Bliskim Wschodzie Mars znajdował się wewnątrz 30 stopni od węzła księżycowego. W oparciu o to dostosowanie rolnicy na Bliskim Wschodzie mogliby opracować kluczowe protokoły dotyczące skutecznej dystrybucji zasobów wody oraz rozpoczęcia nawożenia i uprawy.

Oto przykłady czterech głównych burz i powodzi na Bliskim Wschodzie w ciągu ostatnich pięciu lat.

Oto mapa z 12 marca 2020 r., kiedy na Bliskim Wschodzie wystąpiły ulewne deszcze i powodzie. Dotknęło to dziewięć krajów – Egipt, Jordanię, Izrael, Syrię, Liban, Turcję, Arabię Saudyjską, Sudan, Iran i Irak. W tym momencie Mars znajdował się w granicach 30 stopni, tworząc kąt prosty z Księżycem. Była to najgorsza burza w Egipcie od 1979 r., kiedy Mars również znajdował się wewnątrz 30 stopni od węzła księżycowego.

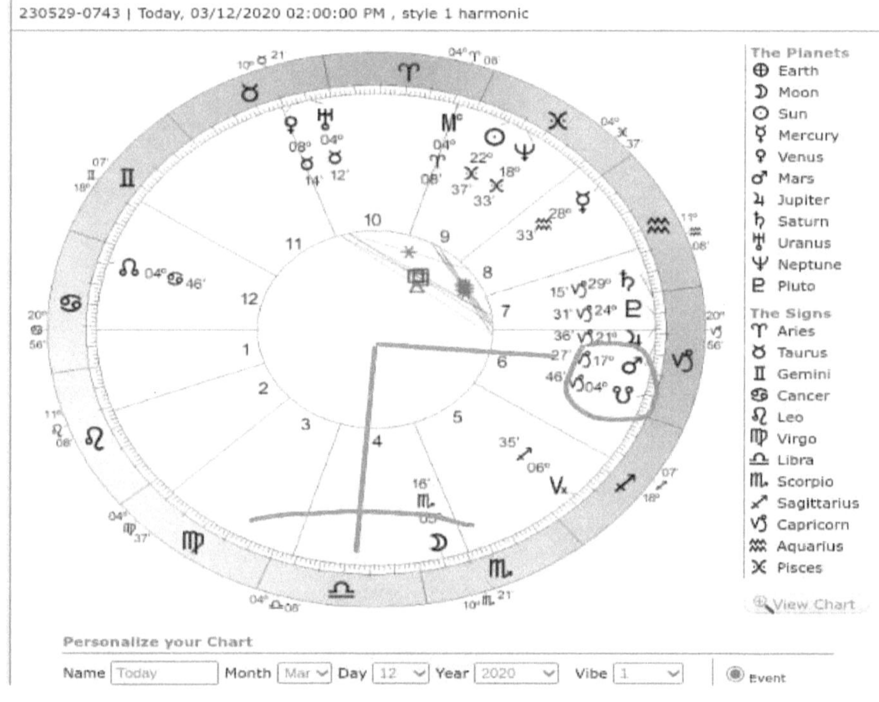

Oto wykres z 26 lipca 2022 r., kiedy w Zjednoczonych Emiratach Arabskich wystąpiły rekordowe opady.

Również tego dnia Mars znajdował się wewnątrz 30 stopni od węzła księżycowego i początkowo tworzył z Księżycem kąt prawie prosty. Za kilka godzin Księżyc znajdzie się w strefie kąta prostego

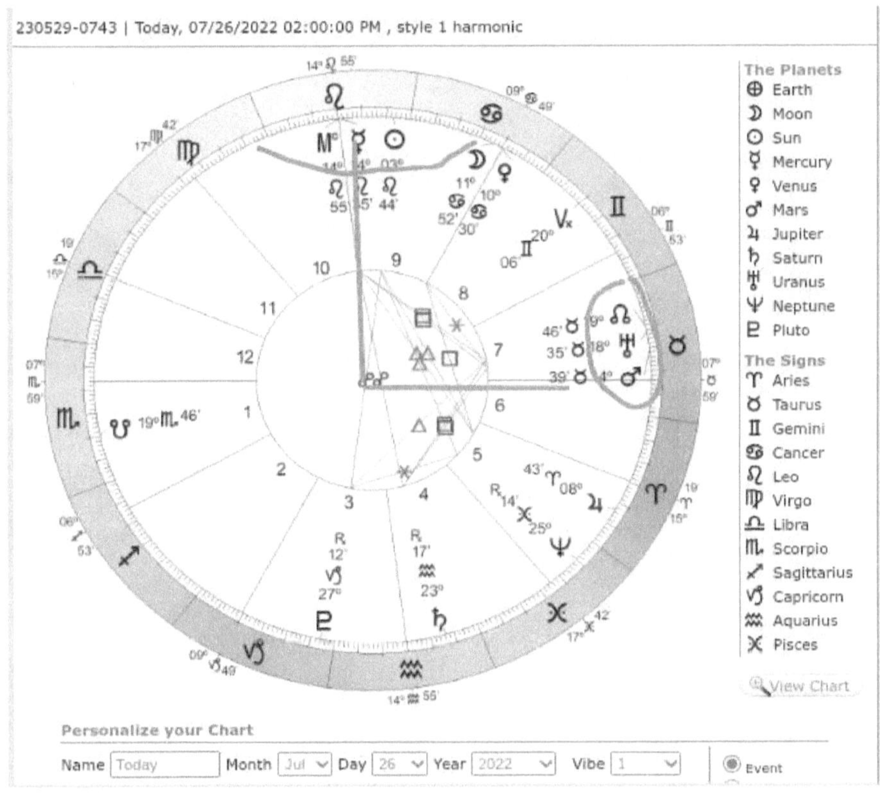

Oto mapa powodzi w Libii w 2023 r. spowodowanych przez burzę Daniel, która nawiedziła Libię 10 września 2023 r. [Tego] dnia Mars znajdował się wewnątrz 30 stopni od węzła księżycowego i tworzył z Księżycem kąt prosty

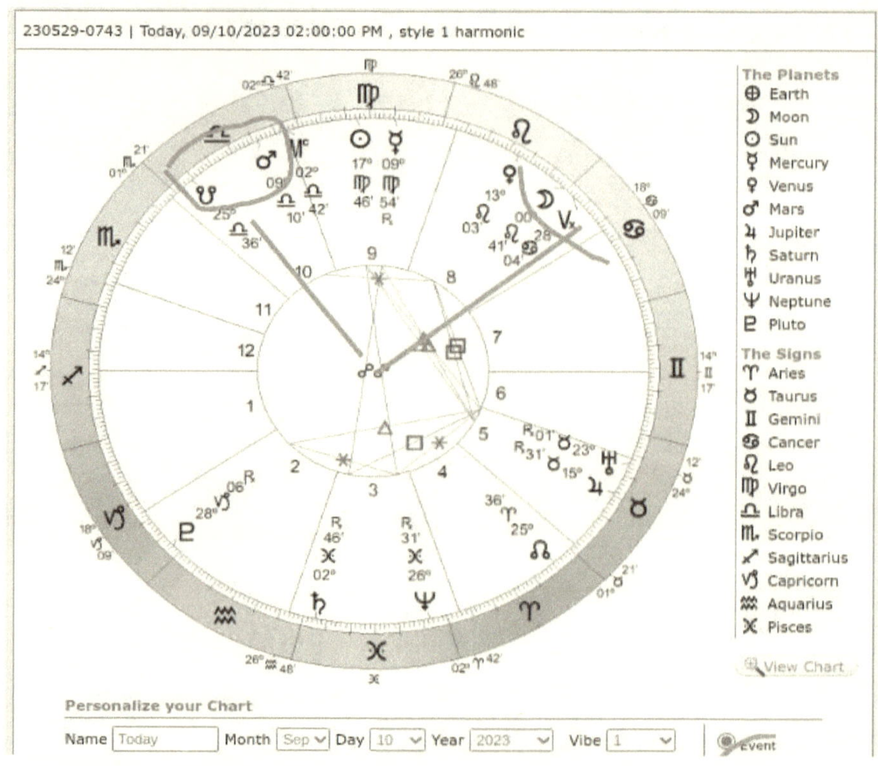

Oto wykres powodzi w Zjednoczonych Emiratach Arabskich w kwietniu 2024 r. 14 kwietnia 2024 r. w Zjednoczonych Emiratach Arabskich nawiedziły ulewne deszcze ' powodując poważne powodzie. Dotknięte zostały Zjednoczone Emiraty Arabskie, Oman, Iran, Bahrajn, Katar, Arabia Saudyjska i Jemen. Było to rekordowe wydarzenie dla Zjednoczonych Emiratów Arabskich. Po raz kolejny Mars znajdował się wewnątrz 30 stopni od węzła księżycowego i tworzył z Księżycem kąt prosty, gdy burza dotarła tam na ląd. Było to rekordowe wydarzenie dla Zjednoczonych Emiratów Arabskich

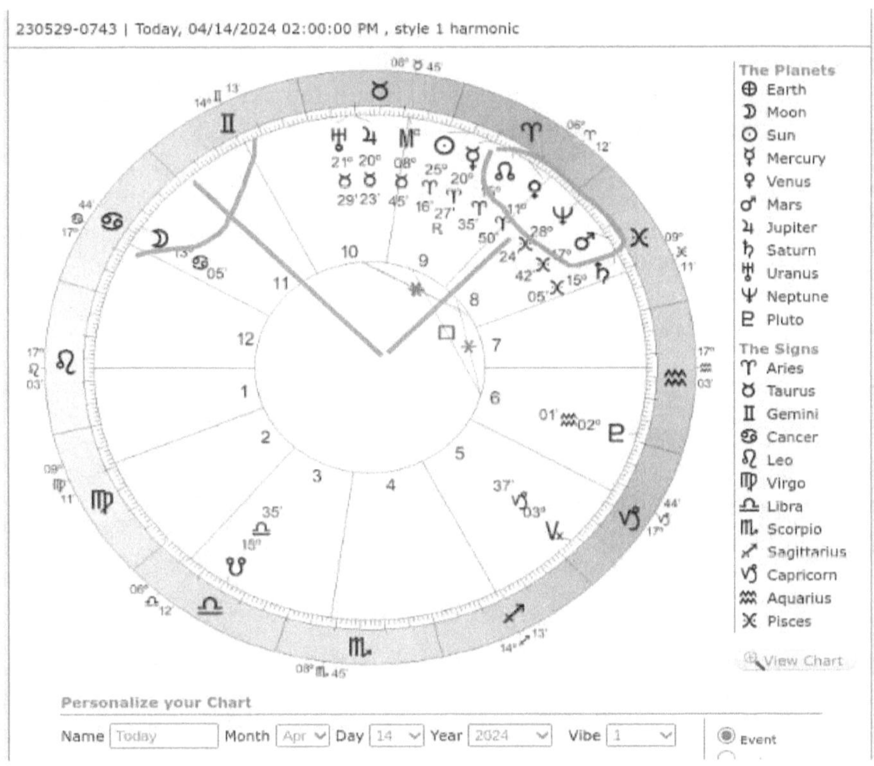

Jedyna ekstrapolacja, jaką możemy wyciągnąć z tych danych, jest taka, że Mars wewnątrz 30 stopni od węzła księżycowego może być odpowiedzialny za ponadprzeciętne opady w danym sezonie. Tutaj możemy opracować system, który będzie w stanie przewidzieć intensywne opady deszczu, pomagając wszystkim na Bliskim Wschodzie w zakresie protokołów awaryjnych i harmonogramów rolniczych związanych ze wzrostem i rozwojem upraw. W rolnictwie nawadnianym ilość opadów decyduje o ilości wody do nawadniania i czasie jej zużycia. Systemy oparte na opadach uwzględniają czas opadów w celu określenia wzrostu roślin. Dotyczy to również terminu stosowania nawozów, herbicydów i pestycydów. Opady deszczu mają również kluczowe znaczenie przy ustalaniu harmonogramu działań żniwnych w odniesieniu do działań pożniwnych. Przewidywanie zdarzeń pogodowych pomaga w planowaniu zadań rolniczych, czy sadzić, czy nie, podejmować decyzję o nawadnianiu, czy nie, czy używać nawozów, transportu i przechowywania zboża oraz środków ochrony zwierząt gospodarskich. Ogólnie rzecz biorąc, skuteczny system prognozowania pogody przyczynia się do procesu decyzyjnego dotyczącego praktyk rolniczych

Należy wziąć pod uwagę, że przesłanki dotyczące czynnika Marsa zostały potwierdzone w 2024 r., kiedy naukowcy zaczęli stawiać hipotezy, że Mars wpływa na klimat i pływy ziemskie.

Oto artykuł z Science.org

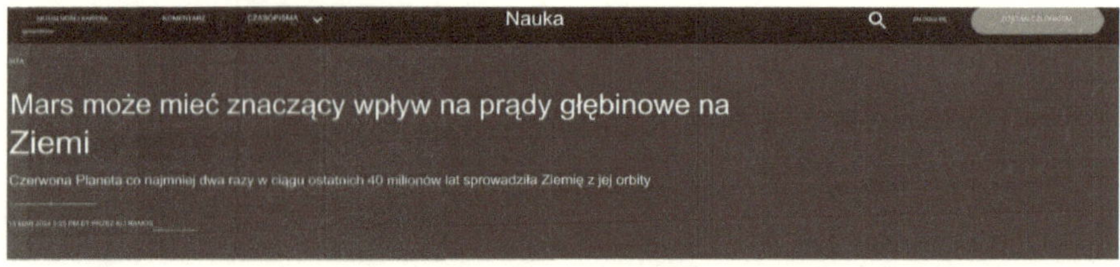

„ Księżyc powoduje przypływy, ale nie jest to jedyne ciało niebieskie, które wpływa na wodę na Ziemi. Z badania opublikowanego w tym tygodniu w czasopiśmie Nature Communications wynika, że grawitacja Marsa wpływa na głębokie prądy oceaniczne naszej planety.

Inne prace potwierdzają hipotezę, że Mars musi mieć jakiś wpływ na Ziemię. W tej części połączyłem tę dynamikę z założeniem naukowym, że Księżyc wpływa na ilość opadów poprzez swoje przyciąganie grawitacyjne na ziemską atmosferę.

Na następnej stronie znajdziesz przykładowe daty (wykorzystane źródła) dat, w których na Bliskim Wschodzie wystąpiły ulewne deszcze, powodzie i ofiary w ludziach. Dane pochodzą z badania, w ramach którego sprawdzano dynamikę ekstremalnych opadów w Lewancie i na Bliskim Wschodzie. Źródło: Ekstremalne opady atmosferyczne na Bliskim Wschodzie: Dynamika aktywnego basenu Morza Czerwonego AJ de Vries, E. Tyrlis, D. Edry, S. o. Krishak, B. Steele, J. Lilyfeld. Pierwsza publikacja: 12 czerwca 2013 https://doi.org/10.1002/jgrd.50569

Nr.	Years and Months	Days	Sources of Motivation [a]	Societal Impact	Case Studies
1	Oct 1979	20–23	1,2	50 casualties, 66,000 people affected, and US$ 14 M damage in Egypt (flood) [b]	
2	May 1982	13			
3	Oct 1987	16–18	1,2	30 casualties in Egypt (storm on 17 Oct) and nine casualties in Jordan (flood on 16 Oct) [b]	
4	Oct 1988	16–19	1		
5	Oct 1991	12–14	1,2,3		*Greenbaum et al.* [1998]
6	Dec 1993	20–23	3	two casualties and estimated damage US$ 10 M in Israel [c]	*Ziv et al.* [2005]
7	Oct 1994	10	1,2		

Nr.	Years and Months	Days	Sources of Motivation [a]	Societal Impact	Case Studies
8	Nov 1994	2–4	1,2,3	600 casualties, 160,660 people affected, and US$ 140 M damage in Egypt (flood, 2–8 Nov) [b]	*Krichak and Alpert* [1998], *Krichak et al.* [2000]
9	Nov 1996	16–18		12 casualties and 260 people affected in Egypt (flood, 13–18 Nov) [b]	
10	Oct 1997	17–19	1,2,3	15 casualties and US$ 40 M damage in Israel (flood from 17 to 19 October), four casualties, and US$ 1 M damage in Egypt (flood, 18–20 Oct) and two casualties and US$ 1 M damage in Jordan (flood, 18–20 Oct) [b]; at least six casualties in Egypt, nine in Israel, and two in Jordan [c]	*Dayan et al.* [2001]
11	Nov 2003	23–25			
12	Oct 2004	28–29	3		*Greenbaum et al.* [2010]

The Dow's Biggest One-Day Drops

Here's where yesterday's drop of 586 points ranks among the worst drops in the Dow's history:

Date	Close	Change	Percent
9/29/2008	10,365.45	-777.68	-6.98%
10/15/2008	8,577.91	-733.08	-7.87%
9/17/2001	8,920.70	-684.81	-7.13%
12/1/2008	8,149.09	-679.95	-7.70%
10/9/2008	8,579.19	-678.92	-7.33%
8/8/2011	10,809.85	-634.76	-5.55%
4/14/2000	10,305.78	-617.78	-5.66%
8/24/2015	15,873.22	-586.53	-3.56%
10/27/1997	7,161.14	-554.26	-7.18%
8/21/2015	16,459.75	-530.94	-3.12%

Largest daily percentage losses[5]

Rank	Date	Close	Change	
			Net	%
1	1987-10-19	1,738.74	−508.00	−22.61
2	2020-03-16	20,188.52	−2,997.10	−12.93
3	1929-10-28	260.64	−38.33	−12.82
4	1929-10-29	230.07	−30.57	−11.73
5	2020-03-12	21,200.62	−2,352.60	−9.99
6	1929-11-06	232.13	−25.55	−9.92
7	1899-12-18	58.27	−5.57	−8.72
8	1932-08-12	63.11	−5.79	−8.40
9	1907-03-14	76.23	−6.89	−8.29
10	1987-10-26	1,793.93	−156.83	−8.04
11	2008-10-15	8,577.91	−733.08	−7.87
12	1933-07-21	88.71	−7.55	−7.84
13	2020-03-09	23,851.02	−2,013.76	−7.79
14	1937-10-18	125.73	−10.57	−7.75
15	2008-12-01	8,149.09	−679.95	−7.70
16	2008-10-09	8,579.19	−678.91	−7.33
17	1917-02-01	88.52	−6.91	−7.24
18	1997-10-27	7,161.14	−554.26	−7.18
19	1932-10-05	66.07	−5.09	−7.15
20	2001-09-17	8,920.70	−684.81	−7.13

2005

Source: https://www.terrorism-info.org.il/en/18892/

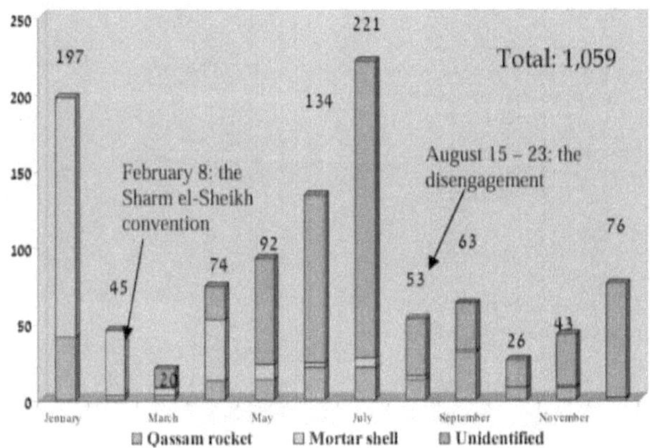

2006

Source: https://www.terrorism-info.org.il/en/18614/

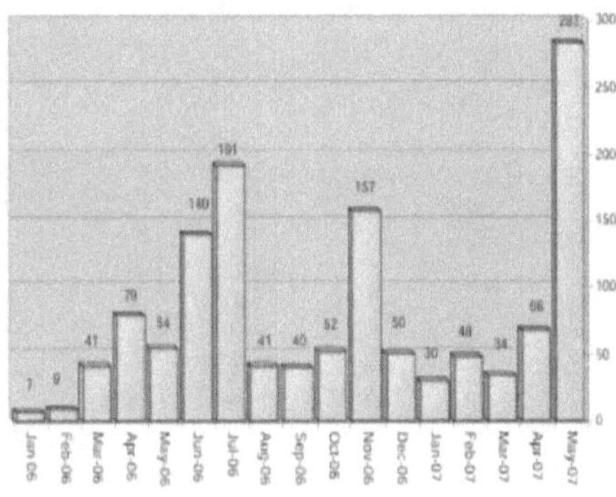

2007
Source: https://www.terrorism-info.org.il/en/18534/

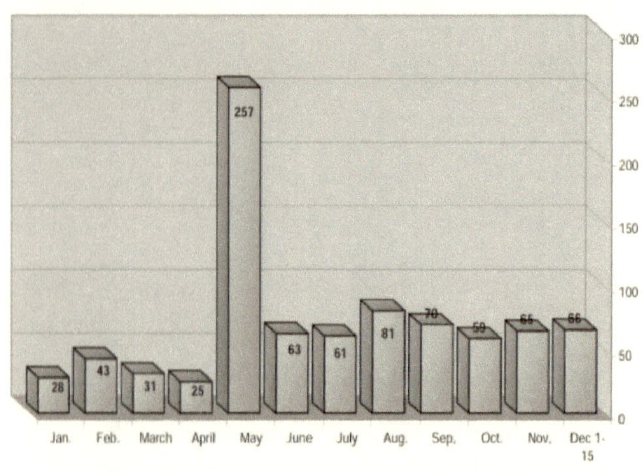

2008
Source:https://en.wikipedia.org/wiki/File:Rock_mort_gaza_2008.JPG

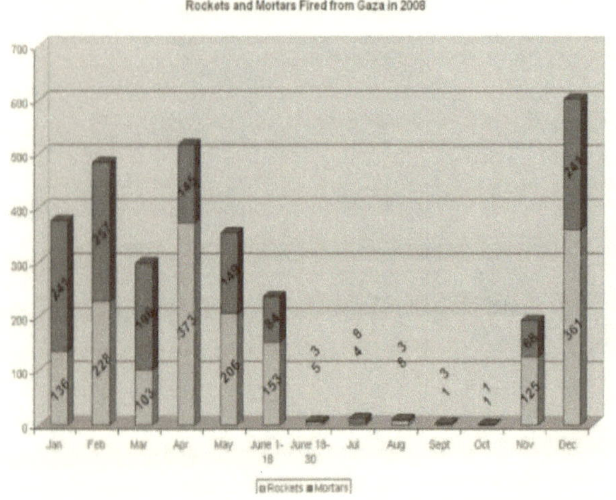

2009
Source: https://www.shabak.gov.il/reports/

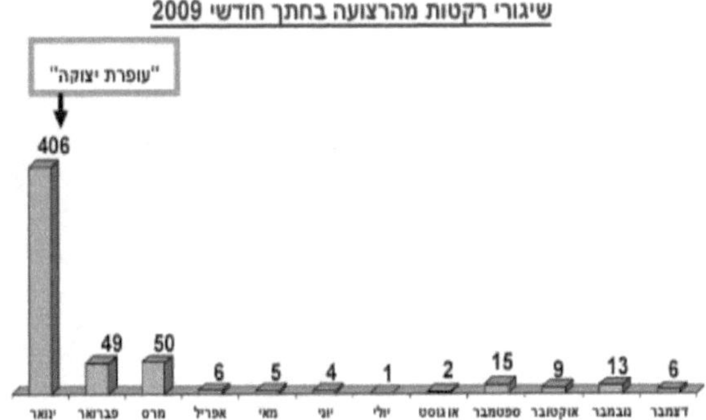

2010
Source: https://www.shabak.gov.il/reports/

שיגורי רקטות מהרצועה בחתך חודשי 2010

סה"כ: 152 שיגורים

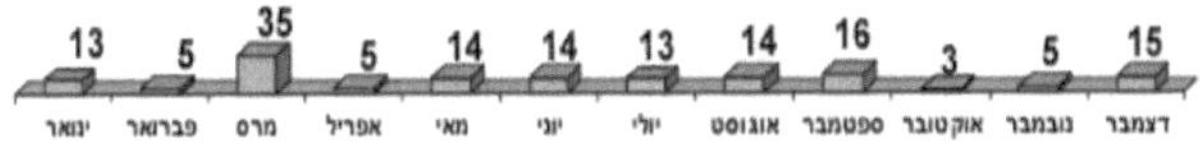

2011
Source: https://en.wikipedia.org/wiki/List_of_Palestinian_rocket_attacks_on_Israel_in_2011

Month	Missiles launched		Effect of missiles		Retaliation by Israel	
	Rockets	Mortars	Killed	Injured	Killed	Injured
January	17	26		4		
February	6	19			1	17
March	38	87		3	9	8
April	87	57	1	6	8	23
May	1					
June	4	1				
July	20	2				2
August	145	46	1	30	4	2
September	8	2				
October	52	6	1	2	12	
November	11	1		1	2	6
December	30	11			4	4
Total	419	258	3	46	40	62

2012
Source: https://en.wikipedia.org/wiki/List_of_Palestinian_rocket_attacks_on_Israel_in_2012

Month	Missiles launched		Effect of missiles		Retaliation by Israel	
	Rockets	Mortars	Killed	Injured	Killed	Injured
January	9	7				
February	36	1			1	1
March	173	19		14	26	
April	10					
May	3					
June	83	11		1		
July	18	9		1		
August	21	3		1		
September	17	8		7		
October	116	55			8	2
November	1734	83	6	45	6	51
December	1					
Total	2,221	196	6	69	41	54

2013
Source: https://en.wikipedia.org/wiki/List_of_Palestinian_rocket_attacks_on_Israel_in_2013

Month	Missiles launched		Effect of missiles		Retaliation by Israel	
	Rockets	Mortars	Killed	Injured	Killed	Injured
January						
February	1					
March	4					
April	17	5			1	
May	1	4				
June	5					
July	5	2				
August	4					
September	8					
October	3	2				
November		5				
December	4					
Total	52	18	0	0	1	0

2014
Source: https://en.wikipedia.org/wiki/List_of_Palestinian_rocket_attacks_on_Israel_in_2014

Month	Missiles launched		Effect of missiles		Retaliation by Israel	
	Rockets	Mortars	Killed	Injured	Killed	Injured
January	22	4				
February	9					
March	65	1		1	1	
April	19	5				
May	4	3				
June	62	3		6		
July	2,874	15[6]	6	34	1,122	7,800
August	950		2	19	540	1,913
Total	4,005	31	8	60	1,663	9,713

2015
Source:

2015 monthly distribution of rocket and mortar shell launchings**

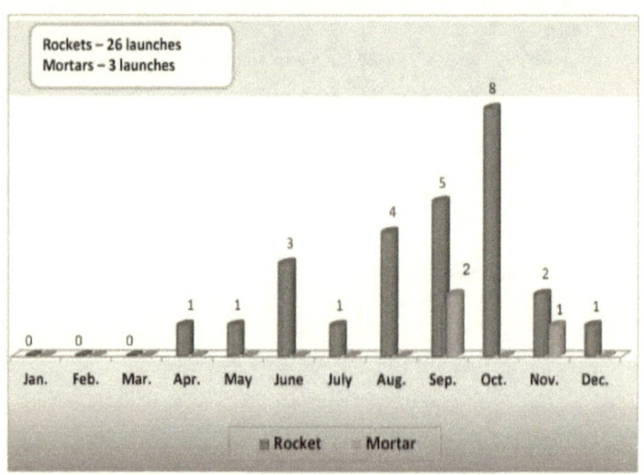

See Jewish virtual library for statistics between 2016 and 2022

https://www.jewishvirtuallibrary.org/palestinian-rocket-and-mortar-attacks-against-israel

In 2023, the data was taken from both

https://www.jewishvirtuallibrary.org/palestinian-rocket-and-mortar-attacks-against-israel

and

Wikipedia
https://en.wikipedia.org/wiki/List_of_Palestinian_rocket_attacks_on_Israel_in_2023

In 2024, the data was taken from
https://www.shabak.gov.il/reports/

and also from news sources about Iran's attack in April of 2024

www.ingramcontent.com/pod-product-compliance
Lightning Source LLC
Chambersburg PA
CBHW031156160726
47992CB00006B/2471